普通高等教育"十二五"规划教材

大学计算机基础实践教程

（第三版）

主　编　杜小丹　鄢　涛
副主编　李　倩　李　丹

U0210076

科学出版社

北　京

内 容 简 介

本书是与由鄢涛、杜小丹主编的《大学计算机基础(第三版)》配套使用的学生实践教材。内容分为 6 个部分:计算机基本操作、实验操作、实验操作提示、理论习题集、上机习题集、综合模拟试卷及参考答案。教程内容丰富、系统、完整、实用,凝聚了作者多年的教学经验,可直接将实验题目作为课堂或课后测试用题,理论及上机习题集涵盖了全国计算机等级考试(一级 MS Office)大纲的要求和相关题型。

本书提供自主研发的无纸化考试系统,考试系统既可以按章节作为平时练习,也可以用作课程结业考试,还可以作为计算机等级考试考前练习,包括理论及上机题的测试,考试系统的习题内容涵盖计算机等级考试的理论及上机内容。本书读者可免费获得这些教学辅助材料。

本书可作为高等院校的计算机基础课程教材,也可供相关技术人员参考。既可与主教材配套使用,也可独立使用。

图书在版编目(CIP)数据

大学计算机基础实践教程/杜小丹,鄢涛主编. —3 版. —北京:科学出版社,2017.6
普通高等教育"十二五"规划教材
ISBN 978-7-03-053241-1

Ⅰ. ①大… Ⅱ. ①杜… ②鄢… Ⅲ. ①电子计算机-高等学校-教材
Ⅳ. ①TP3

中国版本图书馆 CIP 数据核字 (2017) 第 126017 号

责任编辑:于海云 / 责任校对:桂伟利
责任印制:徐晓晨 / 封面设计:迷底书装

斜 学 出 版 社 出版
北京东黄城根北街 16 号
邮政编码:100717
http://www.sciencep.com

北京捷迅佳彩印刷有限公司 印刷
科学出版社发行 各地新华书店经销
*
2012 年 8 月第 一 版 开本:787×1092 1/16
2017 年 6 月第 三 版 印张:13 1/2
2021 年 1 月第十三次印刷 字数:320 000
定价:30.00 元
(如有印装质量问题,我社负责调换)

前　言

计算机技术是信息技术的一个重要组成部分。在今天，没有计算机技术就没有现代化，掌握计算机基础知识已成为对各类人才的最基本要求。

"大学计算机基础"作为普通高等学校非计算机专业学生的一门必修课程，以培养学生计算机技能、信息化素养、计算思维能力为目标，是后续课程学习的基础。

随着我国中、小学信息技术教育的日益普及和推广，大学新生计算机知识的起点也越来越高，大学计算机基础课程的教学已经不再是零起点，很多学生在中学阶段已经系统地学习了计算机基础知识，并具备相当的操作和应用能力，新一代大学生对大学计算机基础课程教学提出了更新、更高、更具体的要求。

本书是与《大学计算机基础（第三版）》配套的实践教程。内容分为6部分：计算机基本操作、实验操作、实验操作提示、理论习题集、上机习题集、综合模拟试题及参考答案，在附录给出了全国计算机等级考试一级 MS Office 考试大纲（2013 年版），以供读者参考。

实验操作注重对学生的实际动手能力的培养。精心挑选实验内容，主要包括 Windows 7、Word 2010、Excel 2010、PowerPoint 2010、Internet 的使用及多媒体技术等相关的实验内容。

实验操作提示提供了各个实验的操作步骤或操作要点，介绍与该实验相关的操作技巧，同时附有实验操作的结果。

理论习题集汇集了计算机基础知识、网络基础知识、多媒体技术、计算机安全等的理论习题及参考答案。

上机习题集汇集了 Windows 7、Word 2010、Excel 2010、PowerPoint 2010 及 Internet 各部分的上机习题及参考步骤。

理论及上机习题集涵盖了全国计算机等级考试（一级 MS Office）大纲的要求和相关题型。

本书提供与教材完全配套的基础部分的多媒体教学课件，还提供自主研发的无纸化考试系统，考试系统既可以按章节作为平时练习，也可以用作课程结业考试，还可以作为计算机等级考试考前练习，包括理论及上机题的测试，考试系统的习题内容涵盖计算机等级考试的理论及上机内容。本书读者可免费获得这些教学辅助材料。

本书由杜小丹、鄢涛、李倩、李丹、朱然、梁静、王惟洁、杨晓兰、胡慧编写，其中，杜小丹、鄢涛任主编，李倩、李丹任副主编，全书由杜小丹统稿。

由于编者经验不足、时间紧迫，疏漏和不当之处在所难免，敬请广大读者和专家给予指正。

编　者
2017 年 3 月

目　录

第1章　计算机基本操作

1.1　计算机键盘指法技术

1.1.1　打字技术与姿势

键盘指法是最基本的计算机操作技术。它要求操作者用双手迅速而有节奏地弹击按键。正确的指法是提高操作速度的关键，初学者从一开始就应严格要求自己，掌握正确的指法及打字姿势，运用"盲打"技术，不断提高速度和准确性。

1. 打字技术

打字是一种技术，要熟练高效地打字，必须经过训练。

一些人以为用眼睛看着键盘操作很"直观"、"明白"，这对初学者是必然的一个过程，但熟练之后，大家就会发现，看着键盘操作将成为提高打字效率的一个巨大障碍——因为打字时更多的是要看着文稿和屏幕，如果脑袋和眼睛在键盘之间不停地上下运动的话，将会严重影响打字速度，并且容易让人疲劳。

科学、规范的打字技术是"盲打"，即靠手指触觉打字，眼睛不看键盘，而是集中在文稿(或屏幕)上，以获得最高的效率。

2. 打字姿势

打字时必须保持正确的姿势。错误的姿势不仅影响打字的速度，而且也容易使人疲劳。

正确的姿势是：身体坐端正，两脚平放。坐椅的高度以双手可平放在键盘上、方便手指击键为准。两臂自然下垂，肘关节垂直弯曲，身体与桌面相距 20~30 厘米。注意保持手腕平直，否则会影响输入速度。输入的文稿可放在键盘两边或键盘后。

　　📖 计算机操作应使用专用的电脑桌，其键盘托盘是可以抽出的，便于调整键盘与人体的距离；坐椅最好用可以调节高度的转椅，便于调整座位高度。对于打字操作比较多的用户，还可以使用文稿夹等设备(特殊的小夹子，将文稿夹在显示器旁边，减少了脑袋和眼睛在屏幕和文稿之间的移动)，以提高舒适度。

1.1.2　基本的键盘指法

1. 键位与手指分工

实现盲打的关键是对十指进行合理的分工，"**包键到指**"。

由于与打字有关的键码和字符都集中在打字键区(或称字符区、主键盘区)，并且操作者使用两手进行操作，根据这一特性，将打字键区从中间分为两大部分，由左右手分别负责。左右两个部分再分别细分为 4 个小部分，每个手指负责其中一个小部分，如图 1.1 所示。

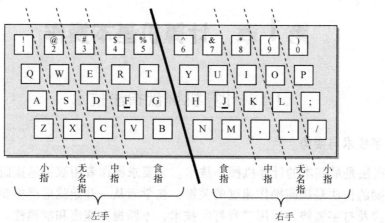

图 1.1　键位按手指分工示意图

每个手指分工如下：

左手——食　指：5、T、G、B；4、R、F、V
　　　——中　指：3、E、D、C
　　　——无名指：2、W、S、X
　　　——小　指：1、Q、A、Z；以及左边 Tab、Shift、Ctrl 等键
右手——食　指：6、Y、H、N；7、U、J、M
　　　——中　指：8、I、K、，
　　　——无名指：9、O、L、.
　　　——小　指：0、P、；、/；以及右边 Enter、Shift、Ctrl 等键

2. 基准键

每个手指负责的键最少为 4 个，在敲击完毕或空闲时，怎样摆放手的位置呢？这是由基准键来统一的。

由于字母键有 3 行，所以我们把手放在中间一行最为合理。一般规定：开始击键前和完成击键后，左手食指放 F 键、左手中指放 D 键、左手无名指放 S 键、左手小指放 A 键；同理，右手食指放 J 键、右手中指放 K 键、右手无名指放 L 键、右手小指放 "；" 键。这就是手指的正确位置。只要击键完成或没有击键，双手就应保持这一姿势。

键盘上 F 键和 J 键的键帽上分别有一个小的凸起，这是帮助进行盲打手指定位非常重要的标记，称为 "基准键"（也称为 "定位键"）。在盲打过程中，每次击键后双手是否回位、摆放是否正确，都是以两手食指是否放到这两个凸起上为准。一旦两手食指定位了，其他手指自然就能依次放到正确的位置了，如图 1.2 所示。

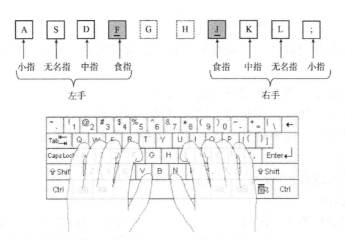

图 1.2　基准键位示意图

3. 用指技巧

双手手指稍弯曲拱起，轻放在基本键上。手腕不要压着键盘。在敲击其他键时，手指伸展，轻快而迅速地从键的上方敲击后双手立即复位。要感觉手指富有"弹性"，千万不能靠手腕的移动寻找键位，而且击键动作的节奏应快慢一致。

📖 常见的不正确打字方法：

·双手放在键盘上太重，无意间造成按下同一键若干次。

·小指击键时，食指向上翘。

·采用"按"键或"凿"键动作(而不是"击"键)。

·双眼离不开键盘。

·左右手换档键(Shift)用法不当。

·击键后双手不回到基准键位。

1.2　汉字输入法

1.2.1　汉字输入法的分类

虽然同是通过键盘输入，但汉字的输入却比英文输入要难得多，因为英文输入时无需编码，可直接从键盘输入英文字符，只需指法熟练即可。而汉字却不能在英文字母键盘上直接打出，需先对汉字进行编码，然后输入编码才行，而且可能还有重码(如同音字)等，输入强度较大。

汉字输入法通常可以分为非键盘输入和键盘输入两大类。

1. 非键盘输入

非键盘输入主要有扫描识别输入、手写输入、语音识别输入等方法。

1)扫描识别输入

借助扫描仪和识别软件，将书籍、杂志上的文本内容转换为可编辑的计算机文档。

优点：速度快，对印刷体识别较好。

缺点：软硬件投资较大，必须有源文档并且书写规范，对计算机操作要求较高。

2）手写输入

借助手写板和电子笔，通过手写输入汉字。

优点：硬件投入较少，在非键盘输入中有一定优势。

缺点：速度较慢，需要硬件投入、软件支持，要求书写规范。

3）语音识别

借助语音输入设备（如麦克风），通过语言完成输入。

优点：速度较快。

缺点：需要硬件投入、软件支持，要求发音标准，对同音字、生僻字必须选择。

综上可知，非键盘输入虽然为一些用户（如精力有限者、对键盘编码输入感觉困难者）带来了方便，但却需要较大的硬件投入，或要求源文件规范。从目前来看，除了手写输入有一定应用外，其他的非键盘输入法的普及度较低。

2．键盘输入

键盘输入是指通过计算机标准键盘来完成汉字、字符的输入，这是最成熟、简便易行、也是最常用的方法。

汉字输入法是一种编码规则，利用这一规则可以为所有汉字编码。汉字编码由英文字母、数字及其他符号组成，这些字符必须可以直接通过键盘输入。汉字输入法编码方案可以划分为音码、形码、音形码等几种类型。

1）音码

音码以汉语拼音为基础，对于熟悉拼音的用户几乎不用进行专门的学习就可以使用。缺点是同码字太多，汉字输入速度太慢。

2）形码

形码以汉字书写字形为基础，根据汉字的字形特征进行编码。由于汉字形状特征与英文字母没有直接联系，因此掌握形码相对而言难度较大。但形码的同码字相比音码要少得多，有些编码甚至无同码字，使得在进行盲打输入时非常高效。

3）音形码

音形码吸收了音码和形码之长，重码率低，也较易学习。目前一些智能技术被用于编码，如智能 ABC 等。

尽管常见的汉字输入法的编码方案有数十种，但使用较为广泛的编码方案主要是全拼、双拼、智能拼音和五笔字型等。

1.2.2　几种键盘输入法简介

1．全拼输入法

全拼输入法是最基本的汉字输入方法，它使用汉字的拼音作为输入编码，只要知道汉字的拼音就可以输入汉字。例如：要输入汉字"开"，只要输入拼音"kai"，然后从提示的汉字中进行选择即可。

▢ 在各种键盘输入法中，字库容量较大的是"全拼输入法"。一些生僻的汉字（如"垚"，音 yao），通过智能 ABC、五笔字型等输入法都不容易输入，但通过全拼输入法则可以输入。所以如果遇到生僻的汉字，在知道发音的情况下，可以尝试用全拼输入法输入。

2. 双拼输入法

双拼输入法简化了全拼输入法的拼音规则，即用两个拼音字母表示一个汉字，规定声母和韵母各用一个字母，因而只要两次击键就可以输入一个汉字的读音了。例如：汉字"张"的全拼是"zhang"，将"zh"简化为"v"、"ang"简化为"h"后得到的双拼编码是"vh"。

双拼输入法中的声母、韵母与键位的对应关系请参考有关资料。

3. 智能 ABC 输入法

不难看出，以上两种拼音输入法都有一定的局限性。智能 ABC 拼音输入法正是克服了它们的不足，使音码输入更加方便，它是目前比较流行的音码输入法。其优点如下。

1）支持全拼、简拼、混拼等多种拼音编码方法

这种输入法可只输入每一个汉字的第一个拼音字母（当然也可输入完整拼音），在输入一个词组或一句话之后，系统可进行智能推测，然后用户只需从结果中选取自己想要输入的字、词即可。这种方法使常用汉字和词组的拼音输入变得非常方便。如：要输入"计算机"3 个字，只需输入"jsj"即可。

2）自动调整字词的频度

例如：某个生僻的词语在选择区中排列靠后，在多次输入该词语后，它在选择区中的排列便可能提前，甚至可能排到第一位。这就给选择带来极大的方便。

3）自动记忆功能（自动分词构词）

例如：在标准方式下，要输入"计算机系统"一词，首先输入该词的拼音"jsjxt"，按空格键，结果出现选择如下：

1：计算机 2：九十九 3：脚手架 4：金沙江 5：脊神经 6：减速剂

因为词库中没有"计算机系统"一词，所以先分出"计算机"待选，按空格键或"1"键，出现选择如下：

1：系统 2：相同 3：协调 4：形态 5：夏天 6：心头 7：心疼 ……

此时按空格键或"1"键可完成"计算机系统"的输入。同时，一个新的词组"计算机系统"也被存入计算机系统暂存区。这样，以后只要输入"jsjxt"，就可以得到"计算机系统"一词了。

4）智能 ABC 中的几个技术

（1）'（单引号）——拼音分隔符。用智能 ABC 输入词组时可以省略韵母，例如输入"智能"一词，可以简化为输入"zhn"。但在某些时候，简化输入会带来歧义，例如输入"长安"，若将"长"字的韵母简化，则成为"chan"，此时输入法状态显示如下：

1．产	2．缠	3．掺	4．搀	5．阐……

显然，系统认为这是一个字的拼音，而不知道是一个词。若要明确地"告诉"计算机这是一个词，应该将两个字的拼音分隔开，此时，可以在两个音节之间输入一个单引号(')进行分隔，即输入"ch'an"，即可输入"长安"一词。

(2)v(字母 v)——在智能 ABC 输入状态下输入英文或替代韵母 ü。例如：在智能 ABC 输入法状态下直接输入英文单词"hellow"，可以输入"vhellow"；若要输入"绿色"，则应该输入"lvse"(在键盘上没有字母 ü，用 v 替代)。

智能 ABC 输入法还有其他优点，它是音码输入使用者较多的一种，此处不赘述。有兴趣的朋友可以参考相关书籍资料。

4．搜狗拼音输入法

作为网络时代的产物，搜狗输入法可谓是"站在了前人的肩上"，它秉承了智能 ABC 及其他经典输入法的优点，并且增加了大量网络时代新的元素。其主要特点如下：

(1)更加智能，只要曾经输入过的字或词语，以后再输入就可以直接按相应字母。

(2)更加人性化，用户可以自己设置很多"皮肤"，或者其他个性化的东西，如图 1.3 所示。

(3)更完善，它的词库比智能 ABC 大得多。

(4)可以储存用户自创和常用的词汇，并且上传到服务器，便于在不同地方使用。

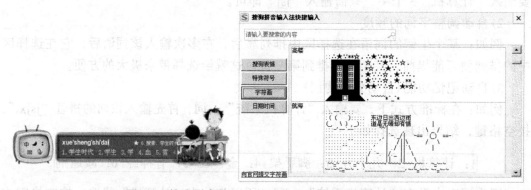

图 1.3　搜狗拼音输入法的"皮肤"及快捷输入示例

总的来说，搜狗输入法是目前比较流行输入法之一，尤其受到追求个性化的年轻网友的喜爱。

　　目前比较常用的拼音输入法有搜狗输入法、智能 ABC 输入法、谷歌输入法、紫光输入法、QQ 输入法等，用户完全可以根据自己的需要选择一款适合自己的输入法使用。

5．五笔字型输入法

五笔字型输入法是目前最为流行的输入法之一，也是众多专业打字员使用的输入法。其详细规则参见 1.3 节内容。

1.2.3　Windows 下输入法的切换技巧

汉字输入法的切换技巧如表 1.1 所示。

表 1.1　汉字输入法的切换技巧

快　捷　键	功　能　描　述
Ctrl + Space（空格键）	打开/关闭中文输入法（中/英文输入法之间切换）
Ctrl + Shift	在所安装的输入法之间进行循环切换
Ctrl + .（句点键）	中文输入状态下进行中/英文标点符号输入切换
Shift + Space（空格键）	中文输入状态下进行全/半角符号输入切换

1.3　五笔字型输入法

五笔字型输入法是由王永民主持研制的输入法，是典型的形码输入法。

这种方法用**字根**（在 98 王码五笔中称“**码元**”）组字（或词），重码少，基本不用选字；字词兼容，字词之间无需切换；键盘布局有较强规律性，是目前最为流行的输入法之一（尤其适合专业录入人员使用）。只是初学者需要在记码元和拆字上多花工夫。对于部分普通话不够标准的用户，使用五笔字型输入法输入也是一种非常好的选择。

　　📖 本节所介绍的五笔字型输入法为经典的五笔字型输入法。尽管几年前王永民推出了新的 98 王码五笔字型输入法，该输入法中，汉字的码元由 150 个主码元和 90 个次码元组成，并且码元（字根）的规定及其在键盘上的分布与以前的经典版本也略有区别，应该说更加合理（如“力”字从“L”键改到了“E”键上等）。但由于新版并没有太多实质性的改进，加之经典版的使用者众多，所以 98 版王码并未真正普及。目前经典版的五笔输入法占有绝对的市场地位。如果读者要学习 98 版王码五笔，请一定要注意细微差别。

1.3.1　五笔字型输入法的特点

五笔字型输入法有如下特点：无需拼音知识，字词兼容；码长短，重码率极低；输入一个汉字最多只需击 4 个键，并含有大量的高频字，高频字只要输入相应的一两个字母然后按一下空格键即可；输入每一个汉字都有规可循；可以输入大量的词组，对于词组也只要击键 4 下。

1.3.2　五笔字型编码基础

掌握如何将一个汉字拆分为若干个有机的部分，是学习五笔字型输入法的基本前提。汉字的拆分涉及以下两个基本概念：

· **笔画**：是汉字拆分中的最小概念。在五笔字型输入法中，将汉字的笔画规定为横、竖、撇、捺、折 5 种。

· **字根**：即组成汉字编码的单元，是五笔字型输入法中不能再分割的汉字拆分单位，如：木、人、一、子等都属于字根。

1. 汉字结构

根据汉字字根之间的位置关系，可以将汉字分为左右、上下和混合 3 种结构，如表 1.2 所示。

表 1.2　汉字的结构和五笔字型的型号

汉字结构	五笔字型的型号	解　释	例　字
左右结构	1 型(左右型)	组成汉字的各字根是按从左至右的顺序排列的	比、瑾、列、郭
上下结构	2 型(上下型)	组成汉字的各字根是按从上至下的顺序排列的	合、午、字、黄
混合结构	3 型(杂合型)	组成汉字的字根间存在着相交、相连或包围关系	国、千、自、电

在五笔字型输入及进行识别码辨认时将用到这几种字型结构。

2. 汉字的 5 种基本笔画

表 1.3 列出了 5 种笔画的代号、走向及各种变形。

表 1.3　汉字的 5 种基本笔画

笔画代号	笔画名称	笔画	笔画走向	笔画变形
1	横	一	左→右	提
2	竖	∣	上→下	竖左钩
3	撇	丿	右上→左下	
4	捺	、	左上→右下	点
5	折	乙	各方向转折	带拐弯的笔画

在五笔字型输入法中，横笔类除了一般的横线之外，提笔也属于"横"笔画。向左钩的竖钩属于"竖"笔画，点形的笔画属于"撇"，所有带拐弯的笔画都属于"折"。

3. 字根的 4 种连接方式

字根通过一定的连接方式组成汉字。在五笔字型输入法中，字根的连接方式有 4 种，它们是"单、散、连、交"，如表 1.4 所示。

表 1.4　字根的 4 种连接方式

连接方式	解　释	例　字
单	由单个字根独立构成一个汉字，不与其他的字根发生联系。即自身既是字根，又是汉字，这样的单个字根称为"成字字根"	金、木、水、火、土
散	由多个字根构成一个汉字，各个字根之间不相连也不相交，保持一定的距离	他、她、它
连	组成汉字的各个字根有着相连的关系，这种相连的关系包括： (1)点结构和其他字根相连　(2)单笔画与其他字根相连	(1)太、玉、术 (2)千、不、下
交	多个字根互相交叉连接构成汉字，字根之间有重叠的部分	又、义、为、夷

4. 字根在键盘上的分布

字根是由 5 种基本笔画通过单、散、连、交等方式连接而成，是组成汉字的不可再分割的基本单位。在经典的五笔字型版本中，汉字的字根共有 130 个，这些基本字根，按照起笔的笔画又可以分为 5 类：横起类、竖起类、撇起类、捺起类和折起类(一、丨、丿、丶、乙）。每一类又可以分为 5 组，共计 25 组。根据码元类别，可将键盘划为 5 个区域，如表 1.5 所示。

表 1.5　字根的区域和类别

区　域	字　母　键	码　元　类　别
第 1 区	G F D S A	横起类
第 2 区	H J K L M	竖起类
第 3 区	T R E W Q	撇起类
第 4 区	Y U I O P	捺起类
第 5 区	N B V C X	折起类

　　为了便于记忆和掌握，五笔字型的键盘设计，力求使字根编排规整，分配在同一键上的字根在音、形、义方面能产生相关的联想。

　　图 1.4 中列出了五笔字型输入法中的所有字根及每一字根所对应的区号、位号、代码和字母键。

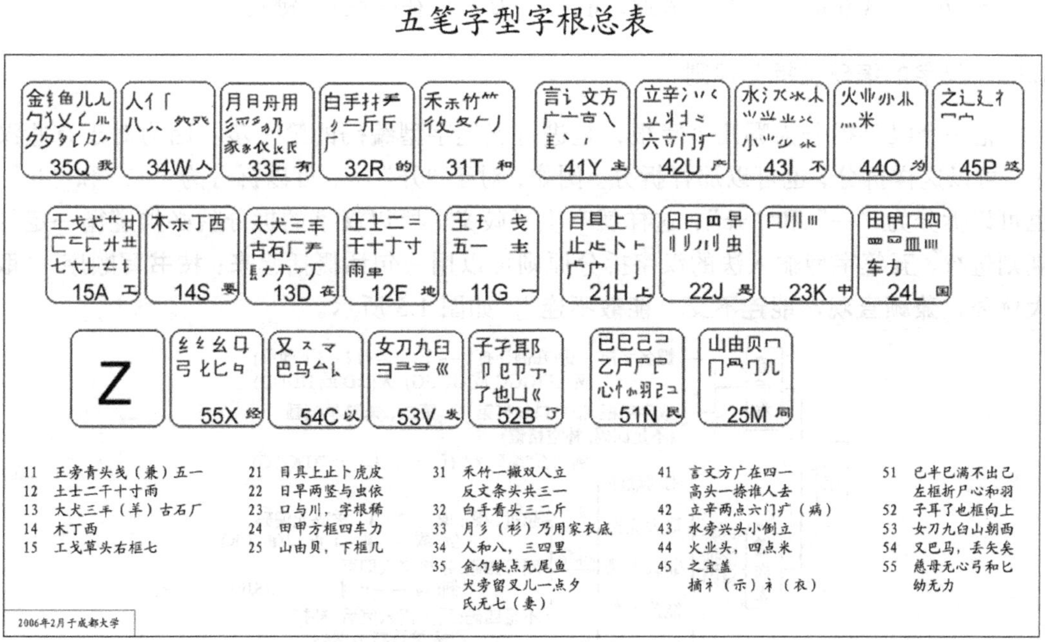

图 1.4　五笔字型字根总表及助记词

　　由图中不难看出，五笔字型的键盘设计具有以下的规律：

　　（1）键名字根（位于每个键帽上的第一个字根）与同一区上的其他字根的形态基本相似；如 1 区（即横区）上的几个键名字根：王、土、大、木、工形态基本相似。

　　（2）字根起笔笔画代号与区号相同；如字根"王"的首笔是"一"，则其位置应该在横区，即 1 区。大部分字根的第二笔笔画代号与位号相同，如：王、文、刂、灬等。

（3）位号由键盘中间向两侧由小到大递增，且字根笔画数与位号尽量一致。如涉及一横的字根，基本放在横区（1 区）第 1 位（如一王五）；涉及二横的字根，基本放在横区（1 区）第 2 位（如二土干）；涉及三横的字根，基本放在横区（1 区）第 3 位（如三）。

（4）部分字根与键名字根的形态相近（或者认为是键名字根的变形）。如 F 键上的键名字根为土，其他字根为士、二、干、十等，形状上与土相近。

图 1.4 中的字根助记词把每个字母键同字根联系在了一起，初学者应能加以理解并熟记。

5. 几个特殊字根

在字根编码中，有几个字根所处的位置与以上规律不够和谐，它们是：车、力、心、耳、九，需要特别加以记忆。

·"车"：其繁体字"車"与"甲"形近，故与"甲"放在一起（L 键）。

·"力"：特殊。可认为其发音"li"的声母为"L"，故放"L"键上。

·"心"：其最长的一个笔画为"乙"，故与"乙"放在一起（N 键）。

·"耳"：其外形与"B"形近，故放在 B 键上。

·"九"：其外形与"刀"形近，故与"刀"放在一起（V 键）。

1.3.3 汉字的编码及拆分规则

把一个汉字拆分为哪几个字根，是进行五笔字型编码的第一步。因为对于有些汉字，可以这样拆分，也可以那样拆分。例如，对于"开"字，可以拆分为"二"和"刂"，也可以拆分为"一"和"廾"，这样就产生了歧义。所以汉字的拆分就必须遵循一定的规则进行。五笔字型输入法的汉字拆分原则可以用一句话概括起来：**按书写顺序，"取大优先，兼顾直观，能连不交，能散不连"**，如图 1.5 所示。

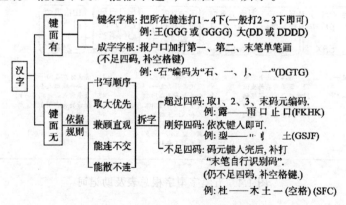

图 1.5 五笔字型汉字编码流程图

五笔字型的汉字编码规则有以下几点：

（1）按汉字的书写笔顺（从上至下、从左至右、从外至内）进行编码。

（2）以汉字拆分后的基本字根进行编码。

（3）每个汉字取第一、二、三、末 4 个字根，最多只取 4 码。

(4)汉字拆分遵循"取大优先，兼顾直观，能连不交，能散不连"的原则。

(5)拆分不足 4 个字根的汉字，最后一笔画取末笔字型识别码。

1. 拆字原则

1)书写顺序

按汉字的书写笔顺(从上至下、从左至右、从外至内)进行拆分。

如："做"字应该拆分为亻、古、攵，而不是古、亻、攵。

📖 一些特殊结构的汉字并不一定按照此规则拆分。如"国"字，为了使字根简化，并不按照书写顺序拆分为"冂、王、丶、一"，而是拆分为"囗、王、丶"，这符合"取大优先"的原则。

2)取大优先

如果一个汉字有多种拆分方法，则取拆分后字根最少的那一种。也就是说，要使字根尽可能地大。例如：可以将"里"字拆成"日、十、一"或"日、土"或"日、一、丨、一"，具体哪一种正确，就需要用这一原则进行判断。在"里"字的几种拆分中，显然是拆分为"日、土"使得拆分后字根最少(即字根最大)，所以这种拆分方法是正确的。

3)兼顾直观

这是指汉字的拆分要符合它的书写顺序。如："亘"字，如果仅按"取大优先"的原则应拆分为"二、日"，但这显然不是直观的书写顺序，因而只能拆分为"一、日、一"。

4)能连不交

一个汉字如果能够拆分为相连或相交两种情况，那么取相连的拆分方法。例如："于"字，按相连的关系可拆分成"一、十"，而不能拆分成"二、丨"这种相交的关系。

5)能散不连

如果一个汉字能够拆成"散"的结构形式的话，就不要将它拆成"连"的形式。因为"散"是按左右型(1 型)或上下型(2 型)处理，而"连"是按杂合型(3 型)处理。从字型结构上来看，杂合型显然相对复杂，所以如果一个字能够"散"开的话，就不处理成相"连"的结构。

例如："矢"字拆分为"⺧、大"，按"散"处理为上下型，识别码为"冫"(U 键)；而按"连"处理便是杂合型，识别码为"氵"(I 键)。

当遇上这种既能"散"又能"连"的情况时，规定如下：只要不是单笔画(如"自"字拆分成"丿、目"，其第一笔为单笔，故规定为杂合型)，一律按"能散不连"判别。因此认为"矢"字是"上下型"字(2 型)。

2. 键名字根输入

键盘上的 25 个键位(Z 键除外)每个键帽上的第一个字根称为"键名字根"，如图 1.6 所示。

其输入方法是：把它所在的键连击 1~4 下(实际一般连打 2~3 下即可)。例如：

大：大大(DD)　　　　王：王王王(GGG)　　　　土：土土土土(FFFF)

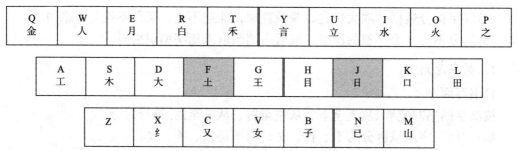

图 1.6　键名字根示意图

3.　成字字根输入

在五笔字型字根键盘的每个键位上，除了键名字根外，还有其他几个字根，它们中有些本身就是一个汉字，通常称为成字字根。

当一个成字字根笔画数超过 2 时，其编码规则可以用公式表示如下：

$$编码 = 键名码 + 首笔码 + 次笔码 + 末笔码$$

其中首笔、次笔、末笔都是指 5 种基本笔画：横、竖、撇、捺、折。它们对应的键码分别是：G、H、T、Y、N。

例如：雨（FGHY）、门（UYH）、古（DGHG）、寸（FGHY）、辛（UYGH）。

当一个成字字根的笔画数等于 2 时，它的编码规则如下：

$$编码 = 键名码 + 首笔码 + 次笔码 + 空格键$$

例如：力（LTN）、丁（SGH）、卜（HHY）、几（WTN）。

4.　5 种笔画的输入

5 种基本笔画横、竖、撇、捺、折可以分别用笔画一、丨、丿、丶、乙来表示，它们的编码方法是：先击两下键名，再击两下 L 键。

一（GGLL）、丨（HHLL）、丿（TTLL）、丶（YYLL）、乙（NNLL）。

5.　一般汉字的输入规则

键名汉字和成字字根只是汉字中极小的一部分，绝大部分的汉字是一般汉字。在学习一般汉字的编码规则之前，要搞清楚两个概念：字根码和识别码。

字根码：就是字根所在键的英文字母。例如："氵"的字根码是"I"；"人"的字根码是"W"；"力"的字根码是"E"；"已"的字根码是"N"等。

识别码：由汉字最后一笔的笔画的编码和字型的编号组成交叉代码，交叉代码所对应的英文字母就是识别码。5 种笔画横、竖、撇、捺、折分别对应的编号是 1、2、3、4、5（见表 1.5）。在字型结构中：左右结构、上下结构、混合结构的编号分别是 1、2、3。把这两种编号组合起来就形成了交叉代码，不同的交叉代码对应不同的识别码，如表 1.6 所示。识别码示例如表 1.7 所示。

由于五笔字型规定输入一个汉字不能超过 4 个码，所以五笔字型根据一个汉字被拆分的字根的个数，将其分为 3 类。

表 1.6　交叉识别码表

末笔码	左右(1)		上下(2)		混合(3)	
	交叉代码	识别码	交叉代码	识别码	交叉代码	识别码
横(1)	11	G	12	F	13	D
竖(2)	21	H	22	J	23	K
撇(3)	31	T	32	R	33	E
捺(4)	41	Y	42	U	43	I
折(5)	51	N	52	B	53	V

表 1.7　识别码示例

汉字	末笔代码	字型结构代码	交叉代码	识别码
认	捺(4)	左右(1)	41	Y
全	横(1)	上下(2)	12	F
则	竖(2)	上下(2)	22	J
叉	捺(4)	混合(3)	43	I
亿	折(5)	左右(1)	51	N
珍	撇(3)	左右(1)	31	T

1)等于或多于 4 个字根的单字

含有 4 个或 4 个以上字根的汉字编码如下:

$$编码 = 字根码 1 + 字根码 2 + 字根码 3 + 最后一个字根码$$

其中字根码 1、2、3 分别代表第 1、2、3 个字根的字根码(下同)。

例如:输入汉字"帮"字,按照正确的拆分原则,应被拆分为 5 个字根"三、丿、阝、冂、丨",根据多于 4 个字根汉字输入的编码规则,只需要输入前 3 个字根"三、丿、阝"和最后一个字根"丨"的字根码,即输入"DTBH"就可以了。

2)3 个字根的单字

含有 3 个字根的单字编码如下:

$$编码 = 字根码 1 + 字根码 2 + 字根码 3 + 识别码$$

例如:输入汉字"住",其交叉代码为"11",识别码为"G"(最后一笔为"一",而"住"为左右型汉字),因此可以输入"WYGG"。

3)2 个字根的单字

含有 2 个字根的汉字编码如下:

$$编码 = 字根码 1 + 字根码 2 + 识别码 + 空格$$

例如:输入汉字"杜"和"杆",虽然它们分别拆分为"木、土"和"木、干",但在键盘上它们所在的键码却是一样的"SF"。如果此时只输入这两个编码,就不能区分出所要输入的具体汉字是哪一个,因此在输入所有字根编码后,还必须输入识别码。对照表 1.6 可知,"杜"和"杆"的识别码分别为"G"和"H"。所以,"杜"的输入编码为"SFG";而"杆"的输入编码为"SFH"。

6. 重码

相对于其他汉字输入法来说，五笔字型输入法含有较少的重码。当出现重码时，每个重码汉字或词组之前对应一个数字，选择不同的数字，就能够输入相应的汉字或词组。

如果某一要输入的汉字或词组所对应的数字是"1"，则按一下空格键或直接输入后面的汉字编码，就可以将该汉字或词组输入到计算机中。

例如：用户输入编码"FCU"，在屏幕下方的提示如下：

> 1:去　2:云　3:支　4:运送 d　5:干劲冲天 g　6:支部 k　7:动产 t

此时如果要输入"去"字，可以选"1"、按空格键或直接输入下一个汉字；而输入"云"字则需要选"2"。

7. 帮助键"Z"的使用

从五笔字型字根总表中可以看到，26 个英文字母中只使用了前 25 个，字母"Z"未被当作编码键使用。其实"Z"键也有其很重要的作用，在五笔字型输入法中，它被当作帮助键，能够代替任何一个不明确的编码(故又称为"万能键")。如果在输入汉字时，对一个汉字的某一个编码不太明确，就可以用"Z"键代替它。使用了帮助键后，往往会出现较多的重码，这时就要进行选择。

注意："Z"键只能放在第二、三、四个编码位，不能放在第一个编码位。

例如：要输入"群"，又不确定它的最后一笔编码，这时可以输入"ヨ、丿、口、Z"，结果提示行中显示如下：

> 1：君　　　2：郡 b　　3：群 u

输入"3"或"u"即可。

8. 简码输入

上面讲的汉字输入，是对于一个汉字完整的输入编码，即单字的全码。为了提高输入速度，可将常用汉字前面一个、二个或三个字根构成简码。在五笔字型输入法中含有大量的简码，包括一级简码、二级简码和三级简码。

1)一级简码

从 11 位到 55 位共 25 个键位，根据每一键位上的字根特征，每键安排一个最常用的汉字(高频字)，这类字只要按键一次再加空格键即可输入。它们在键盘上的分布如图 1.7 所示。

对于这 25 个高频字，输入时只需将各字所在的键按一下，再按空格键即可。

2)二级简码

二级简码由单字全码的前面两个字根代码组成。具有二级简码的汉字，只要输入其前两个字根并按空格键即可输入。

例如：五(GG)、查(SJ)、到(GC)、喂(KL)。

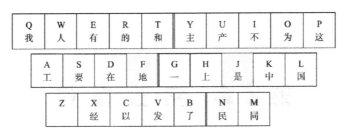

图 1.7 一级简码键位图

3）三级简码

三级简码的输入方法是：先输入该字的前 3 个字根码，然后按空格键。

对于由 4 个以上字根构成的汉字，三级简码输入时省略了最后一个字根的判断；对于小于 4 个字根的汉字，则省略了末笔字根交叉识别的判断，所以尽管它没有减少击键次数（还是敲 4 个键），但仍然可以明显提高输入速度。

例如：挨（RCT）、辑（LKB）、窗（PWT）、视（PYM）。

9．词汇输入

运用五笔字型输入法，不仅可以高速地输入单个汉字，对于词组，也只需要击键 4 下即可。根据词组所含汉字的数目，可以分为双字词、三字词、四字词和多字词。它们的编码规则如下。

1）双字词

输入双字词只要顺序地输入词组中每一个汉字编码的前两个字根，组成 4 位编码即可。

例如：支持（FCRF）、事迹（GKYO）、勇敢（CENB）、根据（SVRN）。

2）三字词

按顺序输入第一、二个汉字编码的第一个字根和最后一个汉字编码的前两个字根，组成 4 位编码即可。

例如：共产党（AUIP）、解放军（QYPL）、电视机（JPSW）、计算机（YTSW）。

3）四字词

按顺序输入每一个汉字编码的第一个字根，组成 4 位编码即可。

例如：社会主义（PWYY）、人民政府（WNGO）、艰苦奋斗（CADU）。

4）多字词

按顺序输入前 3 个汉字以及最后一个汉字编码的第一个字根，组成 4 位编码即可。

例如：中国共产党（KLAI）、中华人民共和国（KWWL）、人民代表大会（WNWW）。

第2章 实 验 操 作

2.1　Windows 7 的使用

实验一　Windows 7 基本操作

一、实验目的

1. 认识 Windows 7 桌面系统。
2. 掌握任务栏的设置和使用。
3. 熟练使用"开始"菜单。
4. 学会窗口、对话框和鼠标的使用。
5. 了解快捷菜单的使用。
6. 学会使用帮助系统。
7. 掌握 Windows 7 的安全退出方法。

二、实验内容

1. 启动 Windows 7，查看桌面的组成，对照教材，了解每一个图标的作用。

2. 将鼠标指针放在任务栏的每一个项目上，了解任务栏的组成。完成下列操作：

(1)将当前日期/时间设置为：2014 年 12 月 15 日 18 时 30 分，设置完成后，再将其恢复成当前日期/时间。

(2)使用输入法状态栏和快捷键的两种方式，依次将输入法转换为五笔字型、智能ABC、全拼和英文输入状态；并在半角与全角、中/英文标点符号之间进行切换。然后使用软键盘输入下列符号：【 】,《 》, …, ㈠, ㈡, ⑴, ⑵, ①, ②, 1., 2., Ⅰ, Ⅱ, ×, ÷, ∫, √, ￥, ‰, ＄, 壹, 贰, §, ☆, № (其中逗号表示分隔)。

(3)将任务栏拖到屏幕的上边、左边和右边，再拖回屏幕底部并锁定任务栏。

(4)将任务栏自动隐藏。

3. 进入"开始"菜单，了解"开始"菜单的组成。完成下列操作：

(1)打开"所有程序"菜单项，详细查看"所有程序"菜单项所包含的程序及子菜单中的所有程序；分别打开和关闭"资源管理器"和"记事本"。

(2)打开"文档"菜单项，查看"文档"菜单项下所包含的文件。

(3)在搜索文本框中查找以下文件：

① 所有以 .bmp 为扩展名的图形文件。

② Notepad.exe(记事本)程序文件。

(4) 打开"帮助和支持"菜单项,详细查看 Windows 7 提供的帮助项目,并查看"默认打印机"的帮助内容。

4. 将"计算机"窗口打开,完成下列操作:

(1) 将窗口进行最大化、最小化、还原及关闭。

(2) 再次打开其窗口,进行窗口移动、改变窗口大小的操作。

(3) 查看窗口标题栏、地址栏、菜单栏、工具栏、搜索栏及窗口包含内容,并完成下列操作:

① 分别选取菜单"查看"中的"大图标"、"列表"、"详细资料"和"排列方式"菜单项,观察窗口中的图标显示和排列的变化。

② 用菜单的键盘操作方式,再次进行上题的操作。

③ 分别单击"工具栏"中的各按钮,观察窗口内容的变化。

④ 在"地址"栏中分别选取不同的地址,观察窗口内容的变化。

⑤ 选取"本地磁盘(C:)"中的 Windows 文件夹,并选取"详细资料"查看方式,拖动"水平"和"垂直"滚动条,观察窗口内容。

⑥ 在窗口中的搜索栏中搜索文件 Notepad.exe。

(4) 在不关闭"计算机"窗口的情况下,再打开"回收站"窗口,并将"计算机"窗口切换为当前活动窗口。将两个窗口分别最小化后,观察任务栏中间按钮的变化;并通过单击任务栏的窗口按钮,恢复窗口内容。

(5) 用上题的方法同时打开"计算机"和"回收站"两个窗口,操作任务栏显示桌面按钮,观察桌面的变化。

5. 用 3 种方法启动"记事本"应用程序(C:\Windows\Notepad.exe),并用 4 种不同的方法关闭它。

6. 注意观察鼠标指针在 Windows 7 中不同工作环境下的形状,了解其所代表的意义。用鼠标对桌面上的"计算机"图标分别做指向、单击、双击和右击操作,比较操作结果。

7. 分别用鼠标右击桌面上的"计算机"图标、桌面空白处及"计算机"中的一个任选文件,查看其快捷菜单的组成有何不同。

8. 使用两种方法,在桌面上建立"记事本"的快捷方式(即桌面图标)。

9. 将桌面"计算机"图标的图形放入写字板中(提示:先将"桌面"复制,存入剪贴板,经"画图"裁剪后,再剪切,最后在"写字板"中粘贴)。

10. 在 Windows 7 系统中,进入 DOS 界面,在 DOS 提示符下输入命令:dir。然后退回到 Windows 界面。

11. 再次打开"记事本"应用程序,在其中任意输入一段文字,使用 Ctrl+Alt+Del 组合键,在弹出的对话框中进行操作,终止"记事本"应用程序的执行(此方法可以用于解决一些程序运行过程中出现的死机问题)。

12. 练习切换到另一个用户、重新启动及正常退出 Windows 7 系统的方式。

实验二 Windows 7 文件操作

一、实验目的

1. 理解 Windows 7 文件的概念。
2. 熟悉"计算机"和"资源管理器"窗口的组成。
3. 掌握文件和磁盘的各种操作方法。

二、实验内容

1. 打开"计算机"窗口，熟悉窗口的组成。完成以下操作：

(1)分别展开"计算机"左窗格中每一个文件夹，观察右窗格中内容的变化。

(2)适当调整左右窗格的大小。打开预览窗格，选取一个文本文件(如 DOC 文件或 XLS 文件)，观察预览窗格的内容。

(3)改变文件和文件夹的显示方式和排列方式，观察相应的变化。

(4)分别选定一个文件、连续的多个文件(使用"全部选定"和"反向选定"的方法)、不连续的多个文件。

(5)任选一个文件，将其隐藏，然后再显示出来。

2. 在"计算机"窗口中完成以下操作：

(1)在 U 盘(或其他移动盘)上建立文件夹 TEST1，并在其下建立子文件夹 TEST2。

(2)在 C:\Windows 文件夹中任选 2 个文本文件(查看属性，确认是比较小的文件)，将它们复制到 U 盘的文件夹 TEST1 中(使用两种不同的方法)。

(3)将文件夹 TEST1 中的两个文件移动到文件夹 TEST2 中(使用两种方法)。

(4)查看文件夹 TEST1 的属性，了解该文件夹的位置、大小、包含的子文件夹和文件数以及创建的时间等信息。

(5)将 TEST2 中的一个文件改名为 AAA.TXT，另一个文件改名为 BBB.TXT(用两种方法)。

(6)在 E 盘的根目录下建立一个名为 ROOT 的文件夹，将 U 盘文件夹 TEST1 中的两个文件复制到 ROOT 文件夹中。

(7)分别采用直接删除和放入回收站的两种方式删除 ROOT 文件夹中的两个文件。

(8)删除 ROOT 文件夹(用 5 种方法，完成一次用一次 ↶ 撤消键)，并还原它。最后清空回收站。

(9)将 U 盘中的文件夹 TEST2 删除(查看删除的内容是否放入了回收站)。

(10)在"记事本"中输入一段自己的基本情况简介，并以文件名"×××简介"存在 U 盘文件夹 TEST1 中(其中×××是学生本人姓名)。

(11)将另一同学 U 盘中的文件"×××简介"复制到自己的 U 盘中。

实验三 Windows 7 系统设置和常用附件的使用

一、实验目的

1. 了解"控制面板"中提供的系统设置工具。

2. 了解计算机系统的设备情况。

3. 了解用户桌面的设置。

4. 了解应用程序和硬件的安装及删除方法。

5. 了解输入法及字体设置的方法。

6. 了解打印机的设置。

7. 了解常用附件的作用。

二、实验内容

1. 用两种方式进入"控制面板"窗口，采用"类别"和"大图标"的查看方式，了解各应用程序的功能。

2. 进入"控制面板"的"系统"设置，了解所使用的计算机系统的设备信息。

3. 进入"控制面板"的"个性化"和"显示"设置，改变当前的显示背景图案和屏幕保护程序，并改变显示器的分辨率。

4. 了解应用程序的安装及删除，选择一个未安装的 Windows 组件进行安装。

5. 在"控制面板"中打开"区域和语言"设置窗口，或右击任务栏中输入法状态栏的设置，删除"中文(简体)-全拼"输入法，添加"中文(简体)-郑码"输入法。完成上述操作后，再删除"中文(简体)-郑码"输入法，添加"中文(简体)-全拼"输入法。

6. 在"控制面板"中打开"字体"文件夹，以"详细资料"方式查看本机已安装的字体。

7. 在"控制面板"中双击"设备和打印机"图标，练习"添加打印机"以及将打印机设为"默认打印机"的操作。

8. 在"控制面板"中双击"桌面小工具"图标，或右击桌面，在弹出的快捷菜单中选择"小工具"，练习添加桌面小工具操作。

9. 使用附件"画图"，绘制简单图形，并将其命名为"我的图画"，保存在"文档"文件夹中。

10. 使用附件"写字板"，在"写字板"中输入一段学生本人的基本情况简介，将其命名为"简介"，保存在"文档"文件夹中。

11. 打开"简介"文件，将"计算机"窗口图片放入其中。

12. 练习使用"计算器"。

2.2　Word 2010 的使用

实验一　文档的输入、编辑和格式化

一、实验目的

1. 掌握汉字、字母、标点符号的输入。

2. 掌握文本内容的选定、移动、复制、删除等编辑操作。

3. 掌握文本的查找和替换方法。

4. 掌握字体格式化和段落格式化的方法。

5. 掌握边框和底纹的添加方法。

6. 掌握首字下沉效果的设置方法。

二、实验内容

按以下要求对文档进行编辑、排版和保存（文件名为 Word1.docx）。

1. 输入以下内容（段首不要留空格）。

中国的城镇化进程

城市的发展，城市很多问题的解决，离不开农业和农村的支持；农村的发展，农业和农村很多问题的解决，更离不开城市的辐射、带动和反哺。

目前，发展中国家城镇化平均水平已达 40%，发达国家城镇化平均水平则在 70%以上。根据城镇化的一般规律，城镇化水平在 30%～70%时期是城镇化加快发展的时期，一个国家的城镇化水平达到 70%左右才能基本稳定。与同等工业化程度国家相比，我国城镇化水平仍然有很大差距。

可以预见，未来 20 年，我国将处于城镇化加快发展时期。比较乐观的预测是，按照 1995 年以来城镇化率平均每年增长 1.4 个百分点的速度，2010 年我国城镇化水平为 50.6%，2020 年达到 65%；较为保守的预测是，按照 20 世纪 80 年代以来城镇化率平均每年增长 0.9 个百分点的速度，2010 年我国城镇化水平为 46.3%，2020 年达到 55.2%。从就业结构看，随着经济发展速度加快，按每年农业劳动力就业比重下降 1 个百分点计算（1981～2001 年的 20 年间，农业劳动力占社会总劳动力的份额年平均下降 1.3 个百分点），到 2020 年，农业就业比重将由 50%下降到 35%左右，产业与就业结构偏差将进一步调整。

未来 20 年，如果发展战略和政策选择得当，工业化和城镇化的快速发展将为解决中国"三农"问题提供难得的机遇。

2. 将全文中所有的"我国"替换为"中国"。

3. 将第二段中最后一句"与同等工业化程度国家相比，我国城镇化水平仍然有很大差距。"移动到第二段开始处。

4. 将文档标题"中国的城镇化进程"设为黑体，字号设为小二号，字符间距为加宽 4 磅，字形设置为加粗、倾斜、加下划波浪线，字的颜色设为红色，居中对齐。

5. 为正文各段文字设置字符格式和段落格式。中文：宋体、四号、深蓝。数字：Times New Roman、加粗倾斜、加双下划线、紫色、小四号；正文首行缩进 2 个字符，两端对齐，单倍行距，段前间距为 1 行。

6. 为正文第二段文本添加 1.5 磅的三维边框与无填充色的 20%的底纹。

7. 将正文第一段的首字（"城"字）下沉 2 行，距正文 0.2 厘米，字体为黑体。

实验二 表格的制作和编辑

一、实验目的

1. 掌握表格的制作。
2. 掌握表格的修改和调整方法。
3. 掌握表格的格式化方法。
4. 掌握表格中数据的计算方法。

二、实验内容

按以下要求对文档进行编辑、排版和保存（文件名为 Word2.docx）。

1. 建立如下表格。

姓名＼科目	大学英语	高等数学	普通物理
王小明	80	57	67
李华	90	74	65
陈纲	80	87	72
胡小民	87	90	78
刘一平	52	45	63

2. 将表格中的数据按大学英语成绩从高到低排序，成绩相同时按高等数学成绩从低到高进行排序。

3. 在表格下面增加一行，行标题为"各科平均分"，并利用求平均值公式计算各科平均分，保留一位小数。

4. 在表格上面添加一行，合并单元格，然后输入标题"学生成绩表"，格式为隶书、三号、蓝色、水平居中对齐。

5. 将表格外框线设置为 1.5 磅的单实线，内框线 0.75 磅单实线，表格第一行下边线及最后一行上边线设置为 0.75 磅双实线，表头（新增加的表格标题行）加黄色底纹。

6. 将表格第 1 列的列宽设置为 3.5 厘米，其余各列的列宽设置为 2.5 厘米。将表格第 3～8 行的行高设置为 0.8 厘米。将表格内的文字对齐方式设置为垂直和水平方向均居中对齐，并将表格在页面内居中。

实验三 图片处理和页面排版

一、实验目的

1. 掌握插入图片或剪贴画的方法。
2. 掌握艺术字、文本框的使用。
3. 掌握 SmartArt 的使用。
4. 掌握页面设置的方法。
5. 掌握在文档指定位置插入分隔符的方法。
6. 掌握为文档奇数页和偶数页设置不同页眉和页脚的方法。

二、实验内容

按以下要求对文档进行编辑、排版和保存（文件名为 Word3.docx）。

1. 打开 Word1.docx，另存为 Word3.docx，并取消所有的字体格式。

2. 将文档的标题"中国的城镇化进程"设置为艺术字，样式为第 4 行第 5 列，华文行楷，36 磅，版式为"嵌入型"。

图 2.1　插入 SmartArt 图形

3. 插入 Office 中的"时钟"剪贴画，使用"人与时钟"图标，高度、宽度均设置为 5 厘米，艺术效果为"浅色屏幕"，环绕方式为"紧密型"，并将剪贴画置于文档开始处。

4. 插入横排文本框，输入文字"中国的城镇化进程"，并设置为华文彩云、粗体、三号，设置文本框为红色的彩色轮廓样式，并设置向下偏移的阴影效果。将文本框置于正文第三段文本中间，设置居中四周环绕。

5. 另起一页，插入 SmartArt 图形，如图 2.1 所示。

6. 为文档设置奇偶页不同的"拼板型"页眉，奇数页页眉"Word 的图形功能"，字体格式为小五号、宋体；偶数页页眉"练习制作框图"，字号为小五号。

7. 设置 16 开 195×270 的纸张大小，上、下页边距为 2 厘米，左、右页边距为 2.5 厘米。

实验四　Word 操作综合训练一

一、实验目的

1. 掌握文本查找和替换的方法。
2. 掌握字符格式化和段落格式化的方法。
3. 掌握分栏操作。
4. 掌握表格的建立、修改及格式的设置。
5. 掌握表格内数据的计算。
6. 掌握根据表格数据生成图表的方法。

二、实验内容

按以下要求对文档进行编辑、排版和保存（文件名为 Word4.docx）。

1. 输入以下内容。

负电数是指小数点在数据中的位置可以左右移动的数据，它通常被表示成：N=M·RE，这里，M 称为负电数的尾数、R 称为阶的基数、E 称为阶的阶码。

计算机中一般规定 R 为 2、8 或 16，是一个常数，不需要在负电数中明确表示。要表示负电数，一是要给出尾数，通常用定点小数的形式表示，它决定了负电数的表示精度；二是要给出阶码，通常用整数形式表示，它指出小数点在数据中的位置，也决定了负电数的表示范围。负电数一般也有符号位。

2. 将文中的措词"负电"更正为"浮点"。将文字设置为宋体、小四号，各段落首行缩进 2 个字符，行距为 1.5 倍。将第一段的公式"N=M·RE"中的"E"变为"R"的上标。

3. 将第二段中的文字按等宽分两栏显示，栏间有分隔线。

4. 空两行后，建立如下表格：

学年	理论教学学时	实践教学学时
第一学年	100	60
第二学年	95	70
第三学年	80	85
第四学年	60	120

5. 在表格上面增加一行标题"学时、学分情况一览表"（不包含在表格中），居中对齐。在表格的右边增加一列，列标题为"总学分"，计算各学年的总学分（总学分 =（理论教学学时 + 实践教学学时）/2），结果保留两位小数，将计算结果插入相应的单元格中。

6. 根据表格数据，在表格下方生成簇状柱形图。

实验五　Word 操作综合训练二

一、实验目的

1. 掌握字符格式化和段落格式化的方法。

2. 掌握艺术字、文本框的使用。

3. 掌握分栏操作。

4. 掌握统计字数的方法。

5. 掌握表格的建立、修改及格式的设置方法。

6. 掌握表格内数据的计算。

7. 掌握为文档设置密码的方法。

二、实验内容

按以下要求对文档进行编辑、排版和保存（文件名为 Word5.docx）。

1. 在文档中录入以下文字。将标题设置为艺术字，字体为华文中宋、小初号、红色，艺术字样式如下所示。

2. 将"因特网"3 个字设置为黑体、小四号、蓝色，加双实线的下划线。将正文行距设置为固定值 20 磅，各段首行缩进 2 个字符。

3. 给第二段分栏，要求分 3 栏，各栏的栏宽分别为 13 字符、12 字符、11 字符，且要有分隔线。

4. 统计全文的字数，将字数对话框以图片的形式放在文档的最后。

什么是Internet

　　Internet——Interconnect Network，即通常所说的"因特网"，也称"国际互联网"。它是目前世界上最大的计算机网络，其前身是 ARPANET 网。

　　Internet 具有以下特点：采用分组交换技术；使用 TCP/IP 协议；通过路由器将各个网络互联起来；网上的每台计算机都必须给定一个唯一的 IP 地址。

　　其他的一些主要网络，如 BITNET，不是采用 TCP/IP 协议，因此不是因特网的一部分，但是仍可通过电子邮件将它们与因特网相连。

　　5. 另起一页，建立以下表格。

生物工程学院 2008 级 "计算机应用基础" 成绩单				
学号	姓名	平时成绩	期末成绩	总评成绩
20081001	周小天	75	80	
20081007	李平	80	72	
20081020	张华	87	67	
20081025	刘一丽	78	84	

　　6. 计算总评成绩（总评成绩=平时成绩×30%+期末成绩×70%）（保留一位小数）。设置表格标题文字为黑体、小三号、居中对齐，表格其他文字设置为幼圆、四号、居中对齐。设置表格的外框线为 3 磅虚线，内框线为 1.5 磅单实线。

　　7. 为文档设置打开权限密码，密码为"12345"。

2.3　Excel 2010 的使用

实验一　输入和编辑数据

　一、实验目的

1. 掌握工作簿文件的打开和关闭。
2. 掌握公式和函数的使用。
3. 掌握 Excel 表格的基本编辑方法。
4. 掌握数据的选定、移动和复制的方法。
5. 掌握单元格及区域的插入和删除方法。

　二、实验内容

按以下要求对工作簿进行编辑和保存（文件名为 Excel1.xlsx）。

1. 在 Excel 中创建如图 2.2 所示表格。

2. 用函数及公式复制的方法计算表格中每个学生的平均分，并保留 1 位小数。计算总分和各门科目的最高分、总分和平均分的最高分。

图 2.2　学生成绩表

3. 将工作表中姓名为"李强"的这一行移动到"申珊珊"之后；将姓名为"张小艳"的这一行复制到表格中"李小芳"之后。

4. 在表格的"姓名"列后面插入"性别"列，输入如下内容。

刘大民：男，张小艳：女，马波：男，丁小平：男，程欣：女，申珊珊：女，李强：男，刘伟：男，李小芳：女

5. 删除表格中倒数第二行(即第 3 步中复制的"张小艳"这一行)。在"丁小平"和"程欣"之间插入一行，姓名为练习者自己的名字，其他内容自定。

6. 在表格中增加"等级"列。根据平均分用 if 函数求出每个学生的等级。等级的标准如下：平均分在 90 分以上(含 90 分)为"优"；平均分在 75 分以上(含 75 分)、90 分以下为"良"；平均分在 60 分以上(含 60 分)、75 分以下为"中"；平均分在 60 分以下为"差"。

7. 利用 COUNTIF 函数分别统计表格中性别为"男"及性别为"女"的学生人数，将统计结果填入 E15 和 E16 单元格中。

实验二　工作表的编辑和格式化

一、实验目的

1. 掌握工作表的插入、删除、复制和重命名。
2. 掌握工作表中数据格式的含义。
3. 掌握设置工作表中数据格式的方法。

4. 掌握套用表格格式的使用。

二、实验内容

打开 Excel1.xlsx，作如下操作(操作过程中注意保存文件)。

1. 将 Sheet1 工作表标签(工作表名)改名为"学生成绩表"，再将其复制到 Sheet2 工作表左边，然后将复制的"学生成绩表(2)"移动到最后一张工作表的右边。

以下 2～6 题的操作均在"学生成绩表"中进行。

2. 在表格标题和表格内容之间插入一个空行，将表格标题按表格宽度(A～H列)合并及居中对齐，字体设置为隶书、18 磅、加粗、斜体、红色。

3. 将表格各列列标题设置为黑体、蓝色、12 磅。标题行行高为 25 磅，水平和垂直方向均居中对齐。表格中其余数均设置为楷体、12 磅，水平和垂直方向均居中对齐。

4. 设置表格的边框线，外框为最粗的单线，内框为最细的单线，各列标题的下框线和"最高分"的上框线设置为双线。设置单元格填充色，对各列标题、"最高分"设置为"强调文字…(蓝色)"样式。

5. 为各个学生的平均分数据设定条件格式：若平均分大于等于 90 分，平均分的数值为蓝色、加粗，若平均分小于 60 分，平均分的数值为红色、加粗、倾斜。

6. 将"大学语文"、"计算机基础"和"线性代数"各列宽度设置为"最适合的列宽"。将"学生成绩表(2)"中的表格使用套用表格格式"表样式中等深浅 18"。

实验三　数据管理、数据图表化和页面设置

一、实验目的

1. 掌握数据列表的排序、筛选等操作。
2. 掌握数据图表的创建和编辑。
3. 掌握数据图表的格式化。
4. 掌握页面设置方法。

二、实验内容

1. 打开工作簿 Excel1.xlsx，在 Sheet2 中建立下列数据列表(可从"学生成绩表"中复制)，并将"姓名"、"大学语文"、"计算机基础"、"线性代数" 4 列数据复制到 Sheet3 中，如图 2.3 所示。

2. 对 Sheet2 中的数据按总分降序排列，总分相同的按性别升序排列。在"姓名"列左边增加"名次"列，用自动填充的方法填写每个学生的名次。

3. 分别计算男、女学生的"大学语文"和"计算机基础"的平均分。

4. 根据 Sheet3 中的学生数据，在 Sheet3 中创建三维簇状柱形图，要求有图例，系列产生在列，图表标题为"学生成绩表"，横坐标轴标题为"姓名"，纵坐标轴标题为"分数"。

5. 将图表移动、放大到"A13:I31"区域；将图表标题"学生成绩表"设置为黑体、18 磅、单下划线；将横坐标轴标题"姓名" 和纵坐标轴标题"分数"均设置为粗体、14 磅；将横、纵坐标轴、图例的字号均设置为 9 磅。

图 2.3　工作簿 Excel

6. 设置 Sheet3 工作表的纸张大小为 A4，文档打印时水平居中，上、下边距均为 2 厘米。设置页眉内容"学生成绩表"，华文行楷、居中、12 磅；设置页脚为当前页码、宋体、居中、12 磅；当前日期为楷体、靠右、12 磅。

实验四　Excel 操作综合训练一

一、实验目的

1. 掌握数据的输入及表格行、列的插入方法。
2. 掌握公式的输入与复制。
3. 掌握常用函数(IF、LEFT、MAX、MIN)的使用方法。
4. 掌握数据排序操作。
5. 为指定表格内容设置行高和列宽。

二、实验内容

在 Excel 中输入下列数据，按要求对工作簿进行编辑和保存(文件名为 Excel2.xlsx)，如图 2.4 所示。

1. 在"姓名"列右边增加一列，列标题为"部门"。用函数从编号中获得每个职工的部门，计算方法为编号中的第一个字母表示部门，A：外语系，B：中文系，C：计算机系。

2. 计算出每个职工的实发工资，计算公式是：实发工资=基本工资-水电费。在

D8 单元格中利用 MAX 函数求出"基本工资"中的最高值，在 F8 单元格中利用 MIN 函数求出"实发工资"中的最低值。

	A	B	C	D	E
1	编号	姓名	基本工资	水电费	实发工资
2	A01	周小四	1200.76	120	
3	B11	李明	1000.45	153.35	
4	C12	夏艳艳	906.78	100.38	
5	A04	刘一朋	1300.89	150.43	
6	B04	丁月月	2000	130	
7	C05	黄芳	1600	245.67	

图 2.4 工资表

3. 以"实发工资"为关键字进行升序排序，将"实发工资"最高的职工所在的行高调整为 26 磅，垂直方向居中对齐，并为其设置蓝色的填充色。

实验五 Excel 操作综合训练二

一、实验目的

1. 掌握数据的输入、公式的输入与复制、单元格的相对引用和绝对引用。
2. 掌握 RANK 函数的使用方法。
3. 掌握图表的建立和编辑，以及图表对象的格式化方法。

二、实验内容

在 Excel 中输入下列数据，按要求对工作簿进行编辑和保存（文件名为 Excel3.xlsx），如图 2.5 所示。

	A	B	C	D	E	F
1	某厂2014年上半年产量统计表(单位：万吨)					
2	月份	一车间	二车间	三车间	合计	名次
3	1月	16	15	15		
4	2月	14	14	16		
5	3月	18	18	18		
6	4月	14	19	17		
7	5月	20	21	16		
8	6月	25	22	20		

图 2.5 产量统计表

1. 计算出各月产量的合计值并填入 E 列相应的单元格中。用 RANK 函数计算各月产量的名次并填入 F 列相应的单元格中。

2. 在当前工作表中建立产量统计折线图，横坐标为"月份"，纵坐标为"产量"。将图表置于表格区域"A10:G26"之中，横坐标、纵坐标及图表标题内容分别为："月份"、"产量"及"产量统计图"。

2.4 PowerPoint 2010 的使用

实验一 PowerPoint 操作综合训练一

一、实验目的

1. 掌握创建演示文稿的方法。
2. 掌握输入文本、插入图片、SmartArt 形状、表格、艺术字的方法。
3. 掌握主题的应用。
4. 掌握动画效果的设置。

二、实验内容

1. 新建一个演示文稿，建立如图 2.6 所示的两张幻灯片，按下面的要求对演示文稿进行编辑和保存(文件名为 Power1.pptx)。

(a) 幻灯片 1   (b) 幻灯片 2

图 2.6   建立幻灯片

2. 第一张幻灯片主标题文本为"计算机基础知识"，副标题文本为"大学计算机教材"；插入一张剪贴画，设置动画为"轮子"，效果选项为"轮辐图案(3)"；设置主标题的动画为"形状"，并在上一动画后自动播放。

3. 第二张幻灯片的主标题文本为"计算机系统的组成"。插入如图 2.6(b)所示的 SmartArt 形状，并录入文字。

4. 为两张幻灯片设置如图 2.6 所示的主题。

5. 在前两张幻灯片之间新建一张"两栏内容"版式的幻灯片，主标题文本为"计算机中进位计数制"，左边输入如图 2.7(a)所示的文字，右边插入一个 5 行 4 列的表格，并输入文字内容；将表格中的字体设为：宋体、18 磅、加粗。

6. 再新建一张幻灯片，放在最后，插入任意效果艺术字"谢谢观看!"，如图 2.7(b)所示。

(a) 幻灯片 3

(b) 幻灯片 4

图 2.7　新建幻灯片(2)

实验二　PowerPoint 操作综合训练二

一、实验目的

1. 掌握幻灯片页眉、页脚和母版的设置。
2. 掌握幻灯片切换效果的设置。
3. 掌握插入背景音乐的方法。
4. 掌握超链接的使用。
5. 掌握幻灯片的放映。

二、实验内容

1. 打开 Power1.pptx，另存为 Power2.pptx，按下面的要求对 Power2.pptx 进行编辑和保存。

2. 设置第一、二张幻灯片切换方式为"随机线条"并伴有"风铃"声；设置第三、四张幻灯片切换方式为"覆盖"，持续时间为 2 秒。

3. 在每张幻灯片中插入可变日期、黄色、20 磅；插入幻灯片编号、蓝色、20 磅。

4. 从第一张幻灯片开始，为幻灯片添加连续播放的背景音乐，音乐自选。

5. 在第四张幻灯片右下角添加形状⇧，并添加超链接，使得在放映时单击⇧回到第一张幻灯片。

6. 放映编辑好的幻灯片。

2.5　Internet 初步知识

实验一　Internet 操作综合训练一

一、实验目的

1. 使用 IE 浏览器打开网页。

2. 同时打开多个 IE 窗口。

3. 使用搜索引擎在 Internet 上进行搜索。

4. 保存网页内容。

5. 网上文件的下载。

二、实验内容

1. 启动 IE 浏览器，访问中文雅虎网站 http://www.yahoo.com.cn。同时打开一个百度搜索引擎窗口 http://www.baidu.com。

2. 搜索关于介绍"2014 年巴西世界杯"的内容，将搜索到的内容保存到 Word 文档中，以文档名"学号_姓名_2014 年巴西世界杯.docx"保存(其中，"学号"是练习者完整学号的最后两位，"姓名"是练习者自己的真实姓名)。具体搜索以下内容：

(1)世界杯的简介。

(2)世界杯的举办时间、赛事特色、吉祥物。

注：所有内容必须以注明出处(将 URL 地址注明在摘录文字的下面)。

3. 搜索一个"桌面时钟"小程序，下载到自己的磁盘中保存起来，并运行该程序。要求如下：

(1)必须是绿色软件(无需安装，直接能够运行)。

(2)软件大小必须小于 2MB。

(3)软件必须具有记事和事件提醒功能。

实验二　Internet 操作综合训练二

一、实验目的

1. 掌握 IE 浏览器的启动和网页的浏览方法。

2. 使用搜索引擎在 Internet 上进行搜索。

3. 申请免费邮箱。

4. 掌握电子邮件(含附件)发送及回复方法。

二、实验内容

1. 启动 IE 浏览器，搜索能够提供免费邮箱的网站，登录其中一个，注册一个免费邮箱。要求用户名为学生的实际姓名(如果该用户已经被申请，请在姓名后加适当数字，如 2014)。如果已有免费邮箱，此操作可省略。

2. 向指定邮箱发送一封电子邮件。

收件人：任课教师邮箱(或由任课教师指定)。

附件：

(1)实验一完成后，存放在磁盘中的文档：学号_姓名_2014 巴西世界杯.docx。

(2)实验一完成后，存放在磁盘中的文件："桌面时钟"小程序。

邮件主题：Internet 操作综合训练

邮件内容：

(1)简述对巴西世界杯的看法。

(2)简述附件中"桌面时钟"小程序的使用方法。

(3)你所使用的计算机的 IP 地址、子网掩码、DNS 服务器地址。

2.6　计算机多媒体技术

实验一　音频处理

一、实验目的

1. 熟悉 Cool Edit Pro 的操作界面。

2. 掌握使用 Cool Edit Pro 对声音文件处理的基本方法。

3. 了解降噪处理、消除原音、混响处理、混缩合成、淡入淡出等声音处理技术的原理与方法。

二、实验内容

1. 消除人声，制作伴奏音乐。

将带人声的音乐消除人声，制作伴奏音乐。通常带人声的音乐有两种模式，一种是伴奏和人声分离开来，分别存放在不同的声道中；还有一种是伴奏与人声混合在一起的，左右声道中的声音完全一样。请根据带人声音乐的实际情况，完成提取这两种类型歌曲的伴奏。

2. 制作歌曲串烧。

歌曲串烧可以将多首歌曲中的经典部分联结在一起，得到各种情景和效果，请准备几首喜欢的歌曲，利用 Cool Edit Pro 制作自己的歌曲串烧，时间为 2~3 分钟。

实验二　视频处理

一、实验目的

1. 熟悉视频处理软件"爱剪辑"的操作界面。

2. 掌握使用"爱剪辑"对视频文件处理的基本方法。

3. 了解制作字幕特效、片头特效以及对片名、制作者进行修改等操作的方法。

二、实验内容

1. 制作缓慢放大的字幕特效。

利用"爱剪辑"实现对视频片段进行缓慢放大的字幕特效制作。

2. 制作片头特效以及对片名、制作者进行修改。

利用"爱剪辑"提供的大量片头特效，为自己的视频制作片头特效，并设置片名、制作者等信息。

实验三　动画制作

一、实验目的

1. 熟悉动画制作软件 Flash CC 的操作界面。
2. 了解遮罩动画的原理和作用。
3. 掌握遮罩动画的制作方法。

二、实验内容

1. 遮罩动画基础。

在 Flash CC 中,"遮罩动画"是通过"遮罩层"来达到有选择地显示位于其下方的"被遮罩层"中的内容,在一个遮罩动画中,"遮罩层"只有一个,"被遮罩层"可以有任意个。

在 Flash CC 中,"遮罩"主要有 2 种用途,一是用在整个场景或一个特定区域,使场景外的对象或特定区域外的对象不可见,二是用来遮罩住某一元件的一部分,从而实现一些特殊的效果。

2. 利用 Flash CC 制作探照灯效果动画。

制作一个动画,模拟探照灯的效果。即一个圆形的探照灯区域在画面上移动,只能看到圆形区域内的内容,其余部分均为黑色。

第 **3** 章 实验操作提示

3.1 Windows 7 的使用

实验一 Windows 7 的基本操作

1. 第 1 小题的操作提示：

启动 Windows 7 后，桌面上会出现一些图标，其中一些是对象图标，另外一些是快捷方式图标。对照教材，了解常用的几个桌面图标的作用，如："计算机"、"我的文档"、"网上邻居"、Internet Explorer 和 "回收站"。

2. 第 2 小题的操作提示：

(1) 鼠标双击任务栏右边的时间显示，在弹出的 "日期和时间属性" 对话框中分别按要求进行设置。

(2) 鼠标单击任务栏右边的 "输入法" 图标，在其中分别选择要求转换的输入法。单击 "输入法" 状态栏中的 中、♪ 和 ·· 可以在中英文之间、半角与全角之间、中英文标点符号之间进行切换。使用下列快捷键：Ctrl+空格键 (中英文切换)、Ctrl+Shift (输入方式切换)、Shift+空格键 (全角半角切换)、Ctrl+. (句点键) (中英文标点切换)，也可完成指定的操作。另外，右击 "输入法" 状态栏中的 ▨，分别选取其中的 "标点符号"、"数字序号"、"数学符号"、"单位符号" 和 "特殊特号" 就可以输入题目要求的符号。

(3) 将鼠标指针指向任务栏的空白区，按下鼠标左键然后向上、向左、向右和向下拖动。锁定任务栏可以右击任务栏，选择 "锁定任务栏" 命令。

(4) 右击任务栏的空白区，选择 "属性"，在 "任务栏" 选项卡中，选取 "自动隐藏任务栏" 复选框，可以将任务栏自动隐藏。

3. 第 3 小题的操作提示：

(1) 选择 "开始→所有程序"，查看其中的所有程序。再选择 "开始→所有程序→附件" 分别选取 "资源管理器" 和 "记事本"，进行打开和关闭。

(2) 选择 "开始→文档"，查看 "文档" 菜单项下所包含的文件。

(3) 单击 "开始" 按钮，在 "搜索程序和文件" 文本框中输入：*.bmp，在文本框上部将显示所有的以.bmp 为扩展名的图形文件。Notepad.exe (记事本) 程序文件的搜索与此类似。

(4) 选择 "开始→帮助和支持"，在 "搜索" 文本框中输入 "默认打印机"，单击搜索按钮，在帮助窗口将出现相关的帮助信息。

4. 第 4 小题的操作提示：

(1) 分别单击 "计算机" 窗口中的 ▢、▬、▤、✕ 按钮，将对窗口进行最大化、最小化、还原及关闭操作。

（2）将鼠标指针指向窗口标题栏，然后按住鼠标左键将窗口拖动到适当的位置后释放鼠标，可以移动窗口。另外，将鼠标指针指向窗口边框或 4 个角上时，指针将变成双向箭头，这时按下鼠标左键并拖动，可以改变窗口的大小。

（3）在打开的窗口中，查看窗口标题栏、地址栏、菜单栏、工具栏、搜索栏及窗口包含内容，并完成下列操作：

① 分别选取菜单"查看"中的"大图标"、"列表"、"详细资料"和"排列方式"菜单项，窗口中图标的显示和排列将发生变化。

② 在"计算机"窗口中，用菜单的键盘操作方式，输入 Alt+V，打开"查看"下拉菜单，再直接输入字母"M"，将以中等图标的方式显示文件和文件夹、其他操作方法类似。

③ "工具栏"中的各按钮是菜单命令的一种快捷操作方式，单击这些按钮可以对文件和文件夹进行一些主要的操作。

④ 选取"本地磁盘（C:）"中的 Windows 文件夹，并选取"详细资料"查看方式，拖动"水平"和"垂直"滚动条，可以观察到 Windows 文件夹中所有的文件。

⑤ 在"计算机"窗口中的搜索栏中输入 Notepad.exe，再次搜索文件 Notepad.exe。

（4）在桌面双击"计算机"图标，打开"计算机"窗口；单击回按钮，再双击"回收站"图标，打开"回收站"窗口，再单击回按钮，单击"计算机"窗口标题栏，使它成为当前活动窗口；分别单击▬按钮，将两个窗口最小化后，变成任务栏中的两个按钮；单击任务栏中的窗口按钮，将恢复窗口显示。

（5）用上题的方法同时打开"计算机"和"回收站"两个窗口，两次单击任务栏最右端的"显示桌面"长条形按钮，桌面将出现变化。

5. 第 5 小题的操作提示：

第一种方法：选择"开始→所有程序→附件→记事本"；第二种方法，选取"本地磁盘（C:）"中的 Windows 文件夹，在其中查找 Notepad.exe 文件，并双击；第三种方法，单击"开始"按钮，在"搜索程序和文件"文本框中输入：Notepad.exe，然后再双击搜索出来的文件名。在打开的"记事本"窗口中，可以使用下列 4 种方式之一关闭窗口：单击标题栏的"关闭"按钮 ✕；双击标题栏的控制菜单图标；单击"文件"菜单的"关闭"命令；按 Alt+F4 快捷键。

6. 第 6 小题的操作提示：

当用鼠标对桌面上"计算机"图标进行指向操作时，没有任何反应；当用鼠标对桌面"计算机"图标进行单击操作时，图标变蓝，并且在上面会出现"显示您计算机上的文件和文件夹"提示；当用鼠标对桌面上"计算机"图标进行双击操作时，将打开"计算机"窗口；当用鼠标对桌面上"计算机"图标进行右击操作时，将打开一个快捷菜单。

7. 第 7 小题的操作提示：

分别用鼠标右击桌面"计算机"图标、桌面空白处及"资源管理器"中任选的一个文件，由于针对的对象不同，所列出的快捷菜单项目有所不同。"计算机"是一个文件管理工具，针对它的快捷菜单主要是对系统的管理方式；针对"桌面"的快捷菜单主要是对桌面项目的一些管理内容；而针对一个具体的文件，快捷菜单主要是对文件的操作管理。

8. 第 8 小题的操作提示：

方法一，选择"开始→程序→所有附件→记事本"，右击"记事本"，在弹出的快捷菜单中，选取"发送到桌面"；方法二，用鼠标右击桌面空白处，选取"新建→快捷方式"，在随后出现的文本框中采用直接输入或"浏览"的方式输入：C:\Windows\Notepad.exe，单击"下一步"按钮确认文件名后，完成。

9. 第 9 小题的操作提示：

使用键盘上的 Print Screen 键，将整个屏幕图像复制到剪贴板，选择"开始→所有程序→附件→画图"，打开"画图"窗口，使用"矩形区域选择"图标，对"计算机"图标的图形进行选取，在选取的范围内单击右键，选取"复制"或"剪切"，再选择"开始→程序→所有附件→写字板"，打开"写字板"窗口，在其中进行粘贴，最后保存文件并退出。

10. 第 10 小题的操作提示：

在 Windows 7 系统中，选择"开始→所有程序→附件→命令提示符"，进入 DOS 系统，在"C:>"提示符后输入 dir 后按 Enter 键，DOS 界面将显示 C 盘中所有文件目录。退回 Windows 界面时，如果是窗口方式下，先关闭应用程序，再单击窗口右上角的关闭按钮或输入 exit 命令；全屏幕方式下：键入 exit 命令再按 Enter 键。

11. 第 11 小题的操作提示：

打开"记事本"应用程序，在其中任意输入一段文字，按 Ctrl+Alt+Del 组合键，选择"启动任务管理器"。在随后出现的"Windows 任务管理器"对话框中选取"应用程序"选项卡，在"任务"栏中选中正在运行的"记事本"程序，再单击"结束任务"按钮。

12. 第 12 小题的操作提示：

在系统运行过程中如果要切换到另一个用户或重新启动系统，步骤如下。

(1)单击"开始"按钮。保存需要的结果，关闭所有运行程序。

(2)单击"关机"按钮右侧的箭头按钮。

(3)在出现的菜单中选取相应的功能。

正常退出 Windows 系统的步骤如下。

(1)保存需要的结果，关闭所有运行程序。

(2)单击"开始→关机"按钮。

(3)系统会自动关闭电源，最后只需切断外部电源即可。

实验二　Windows 7 文件操作

1. 第 1 小题的操作提示：

鼠标双击"计算机"图标，打开"计算机"窗口，查看窗口的内容，完成以下操作：

（1）"计算机"窗口由两个窗格组成，左边是"文件夹"窗格，以层次结构显示所有的文件夹，在层次结构中，单击图标左侧的三角形标识，可展开或折叠其中包括的内容。如果要查看某一磁盘或文件夹中的内容，单击左窗格中相应的图标，右边窗口会显示其中的文件和文件夹。

（2）将鼠标放在两个窗格的分界线上，鼠标指针变成 ↔，左右拖动可改变左右窗格的大小。选择工具栏右侧"显示预览窗格"按钮 🔲，打开预览窗格，在中间窗格中选取一个选取一个文本文件（如 DOC 文件或 XLS 文件），在预览窗格中将显示文本内容。

（3）单击主菜单"查看"，在其中分别单击："大图标"、"小图标"、"列表"、"详细资料"选项，可以观察到右窗格中文件图标的变化。当选取"排列图标"中的按名称、按类型、按大小和按日期排列方式后，可观察到，右窗格中的文件和文件夹的排列顺序发生了变化。

（4）选定单个的文件或文件夹：鼠标单击一个文件或文件夹。选定连续的多个文件有几种方法：①先单击要选定的第一个文件，再按住 Shift 键并单击要选定的最后一个文件，这样包括在两个文件之间的所有文件都被选中；②在要选定文件的左上角空白区按下鼠标左键不放，向右下角拖动，将要选定的文件或文件夹包含在其中；③使用"编辑"菜单中"全部选定"命令，或按快捷键 Ctrl+A 可以选定全部文件；④使用"编辑"菜单中的"反向选择"命令，可以选择除选定文件之外的全部文件。选定不连续的多个文件：先按住 Ctrl 键，然后逐个单击各个要选定的文件。

（5）鼠标右键单击一个文件，在弹出的快捷菜单中，选取"属性"，在打开的"属性"窗口中，单击属性中的"隐藏"复选框；如果在确定后，文件仍然显示，需要选取窗口"工具"菜单的"文件夹选项"中的"查看"选项卡，在高级设置中选择"不显示隐藏的文件和文件夹"选项。当文件隐藏后，可选取窗口"工具"菜单的"文件夹选项"中的"查看"选项卡，在高级设置中选择"显示所有文件和文件夹"，这样隐藏的文件就可以显示出来。

2．第 2 小题的操作提示：

（1）双击 U 盘图标，进入 U 盘，选择"文件"菜单中"新建"命令，在级联菜单中单击"文件夹"命令。这时，默认名为"新建文件夹"的新文件夹出现在当前盘中，修改新建文件夹名为 TEST1，然后单击框外任意位置，文件夹建立完成。双击文件夹 TEST1，进入 TEST1 文件夹，在空白区域单击鼠标右键，打开快捷菜单，指向"新建"命令，然后单击"文件夹"命令，将"新建文件夹"的名字修改成 TEST2，然后单击框外任意位置。

（2）在 C:\Windows 文件夹中任选 2 个文本文件，如：NSW.LOG 和 TSOC.LOG（这些文件的特点是文件小，复制操作时间短）。复制第一个文件，可采取鼠标拖动的方法：在"资源管理器"的右窗格的 C:\Windows 文件夹中选定文件后，可直接用鼠标拖向左窗格 U 盘下的文件夹 TEST1 中（如果是同一个盘复制，需按住 Ctrl 键）；复制第二个文件，可采取快捷菜单中的"复制"或使用"编辑→复制"命令：选定文件后，选取快捷菜单中的"复制"命令，进入 U 盘下的文件夹 TEST1 中，通过快捷菜单中的"粘贴"或"编辑→粘贴"命令完成文件的复制。

(3)将文件夹 TEST1 中的一个文件移动到文件夹 TEST2 中，也可使用两种方法：用鼠标拖动和快捷菜单中的"移动"及使用"编辑→移动"命令，方法同上。

(4)用鼠标右击文件夹 TEST1，选择"属性"选项，打开"属性"窗口，在其中可以看到该文件夹的位置、大小、包含的子文件夹和文件数及创建的时间等信息。

(5)连续两次单击(注：不是双击)文件夹 TEST1 中的第一个文件，可使文件进入"重命名"状态，这时输入文件名 AAA.TXT；用鼠标右击另一个文件，在打开的快捷菜单中，选取"重命名"选项，输入文件名 BBB.TXT。

(6)进入所使用的计算机的 E 盘，采用前面的方式建立一个名为 ROOT 的文件夹，将软盘文件夹 TEST1 中的两个文件复制到 ROOT 的文件夹中。

(7)右击 ROOT 的文件夹中的文件 AAA.TXT，在快捷菜单中选取"删除"命令，将出现确认将文件放入"回收站"的对话框，在确认后，文件将放入"回收站"；对文件 BBB.TXT，可按 Shift+Del 快捷键，则弹出确认删除的提示，在确认后，文件被直接删除，而不放入"回收站"，这样，删除的文件也不能恢复。

(8)删除 ROOT 的文件夹，首先要选定文件夹，可以用 5 种方式之一进行删除：①按键盘上的 Del 键；②使用快捷菜单中的"删除"命令；③选择工具栏上组织中的"删除"按钮；④选择"文件"菜单中的"删除"命令；⑤把选中的文件拖到回收站图标上。如果要恢复已删除的 ROOT 文件夹，可双击桌面图标"回收站"，在其中选取 ROOT 文件夹，再按"还原"按钮，删除的文件夹将回到原来的位置。可以单击"清空回收站"按钮，来清空回收站。

(9)将 U 盘中的文件夹 TEST2 删除后，删除的文件夹 TEST2 不会放入回收站，因为移动 U 盘中的文件删除后不能放入回收站，也不能恢复。

(10)选取"开始→程序→附件→记事本"，打开"记事本"，在其中输入一段自己的基本情况简介，并以文件名"×××简介"存在 U 盘文件夹 TEST1 中。

(11)将另一同学的 U 盘插入自己正在操作的计算机中，将其中的"×××简介"复制到自己的 U 盘中。

实验三　Windows 7 系统设置和常用附件的使用

1. 第 1 小题的操作提示：

进入"控制面板"窗口，可采取两种方式：双击"计算机"图标，再单击"控制面板"选项；选择"开始→控制面板"命令，在"控制面板"窗口中，通过选择查看方式中的"类别"和"大图标"方式，切换到不同视图。

2. 第 2 小题的操作提示：

在"控制面板"的"大图标"方式的窗口中，双击"系统"图标(或在桌面右击"计算机"图标，在打开的快捷菜单中，选取"属性")，在窗口中可查看到计算机的基本信息，如计算机操作系统的名称、计算机 CPU 的型号、内存容量，以及在计算机中安装的设备等信息。

3．第 3 小题的操作提示：

在"控制面板"的"大图标"方式的窗口中，双击"个性化"图标，在其中单击某个主题，可改变当前桌面的显示背景图案、窗口颜色、声音和屏幕保护程序等。双击"显示"图标，在窗口中可进行显示器外观设置，如：调整分辨率、调整亮度等操作。

4．第 4 小题的操作提示：

在"控制面板"的"大图标"方式的窗口中，双击"程序和功能"图标，在随后出现的窗口中可进行已安装程序的卸载或更改程序，还可实现 Windows 功能的打开或关闭。在 Windows 列出的组件中，选取一个未安装的组件(组件名前的复选框没有☑)，单击"确定"按钮，将开始安装(在安装的过程中，有可能需要提供相关的软件)。

5．第 5 小题的操作提示：

在"控制面板"的"大图标"方式的窗口中，双击"区域和语言"图标，再选择"键盘和语言"选项卡，单击"更改键盘"按钮，进入"输入法增加和删除"对话框(在任务栏中右击输入法图标，选取"属性"也可)。选择"添加"按钮可增加输入法，而选择一种输入法后，单击"删除"按钮可删除已选的输入法。如：在输入语言栏中选取"中文(简体)-全拼"后，再单击"删除"按钮，将删除"全拼输入法"；当单击"添加"按钮后，在"输入法"列表中，选取"中文(简体)-郑码"，确认后，将添加"郑码"输入法。

6．第 6 小题的操作提示：

在"控制面板"的"大图标"方式的窗口中，双击"字体"图标，在"字体"窗口中，选择"查看→详细信息"方式查看本机已安装的各种字体。

7．第 7 小题的操作提示：

在"控制面板"的"大图标"方式的窗口中，双击"设备和打印机"图标，单击"添加打印机"图标，出现"添加打印机向导"对话框。单击"下一步"按钮，在第二个对话框中选择安装本地打印机或网络打印机。再多次单击"下一步"按钮，按向导的提示完成安装。打印机安装完成后，用户从"打印机"窗口中可看到新安装的打印机图标。如果打印机是默认打印机，那么该打印机对应的图标前会出现一个复选标记(图标上有一个◉)。除非特别说明，Windows 7 应用程序都在默认打印机上进行打印。将某一个打印机设置为默认的打印机的方法是：右击要设为默认打印机的打印机图标，然后选择快捷菜单中的"设置为默认打印机"命令。

8．第 8 小题的操作提示：

在"控制面板"的"大图标"方式的窗口中，双击"桌面小工具"图标(或右击桌面，选择"小工具"，出现"桌面小工具"窗口；右击需要的小工具，选择"添加"命令；不需要时，右击小工具，选择"关闭小工具"命令。在此可练习在桌面上添加一个时钟。

9．第 9 小题的操作提示：

选择"开始→所有程序→附件→画图"命令，打开"画图"窗口。在"画图"窗口中，使用系统提供的各种绘图工具，绘制简单图形。然后单击"文件"菜单中的"保存"命令,在打开的"另存为"对话框中,首先在"保存在"下拉列表框中选取"文档"文件夹,然后在"文件名"下拉列表框中,输入文件名"我的图画",保存文件。

10. 第 10 小题的操作提示:

选择"开始→所有程序→附件→写字板"命令,打开"写字板"窗口。在"写字板"窗口中,输入一段学生本人的基本情况简介,并将其命名为"简介",保存在"文档"文件夹中(操作方法同上一题)。

11. 第 11 小题的操作提示:

选择"开始→所有程序→附件→写字板"命令,打开"写字板"窗口,选取"文件"菜单中的"打开"命令,在"打开"对话框中,首先在"查找范围"下拉列表框中,选取"文档"文件夹,然后在主窗口中,选取文件名为"简介"的文件,单击"打开"按钮,文件的内容将显示在"写字板"窗口中。接下来,双击桌面"计算机"图标,打开"计算机"窗口,调整窗口的大小,按组合键 Alt+PrintScreen,将"计算机"窗口复制到剪贴板,用鼠标在"写字板"窗口中选取适当的位置,然后在"编辑"菜单中选取"粘贴"命令或按快捷键 Ctrl+V,将"计算机"窗口放入其中。最后保存文件。

12. 第 12 小题的操作提示:

选择"开始→所有程序→附件→计算器"命令,可打开标准型"计算器"窗口。在窗口中选择"查看→科学型",可以将标准型计算器窗口转换为科学型计算器窗口。"标准型"计算器用于帮助用户完成一般的计算,"科学型"计算器可以解决较为复杂的数学问题,"程序员"计算器还可以进行不同进制数的转换。

3.2 Word 2010 的使用

实验一 文档的输入、编辑和格式化

一、操作提示

1. 第 1 小题的操作提示:

进入文档编辑状态后,选择"页面视图",录入文本,并保存为 Word1.docx。

2. 第 2 小题的操作步骤:

选中全部文本,在"开始"选项卡的"编辑"组中,单击"替换"按钮,弹出"查找和替换"对话框,设置查找内容为"我国",替换为"中国",单击"全部替换"按钮,稍后弹出消息框,单击"确定"按钮。

3. 第 3 小题的操作步骤:

(1)选中"与同等工业化程度国家相比,我国城镇化水平仍然有很大差距。"这句话,在"开始"选项卡的"剪贴板"分组中,单击"剪切"按钮,将文本移动到剪贴板中。

(2)将光标定位到第二段开始处,单击"粘贴"按钮。

📖 选中文本后,直接拖动到目标位置也可完成文本的移动。

4.　第 4 小题的操作步骤：

(1)选中标题段，在"开始"选项卡"字体"组中，设置中文字体"黑体"，字号"小二号"，单击"加粗"按钮，单击"倾斜"按钮，单击"字体颜色"下拉按钮，选择"红色"，单击"下划线"下拉按钮，选择线型为"波浪线"。打开"字体"对话框，在"高级"选项卡中，设置间距："加宽"，磅值："4"，单击"确定"按钮。

(2)选中标题段，在"开始"选项卡"段落"分组中，单击"居中"按钮 ≡。

5.　第 5 小题的操作步骤：

(1)选中正文文字，打开"字体"对话框。在"字体"选项卡中设置中文字体："宋体"，西文字体：Times New Roman，设置字号："四号"，设置字体颜色："深蓝"，单击"确定"按钮。

(2)选择正文中的一个数字，打开"字体"对话框，在"字体"选项卡"字形"框中选择"加粗 倾斜"，在"字号"框中选择"小四号"，在"下划线"下拉列表框中选择"双下划线"，在"下划线颜色"框中选择"紫色"，单击"确定"按钮。

(3)选中设置完毕的数字，双击"开始"选项卡"剪贴板"组中的"格式刷"按钮 ，逐个刷过文档中未设置格式的其他数字。

　📖 步骤(2)、(3)也可以一步完成，方法是按住 Ctrl 键，选中文档中不连续的数字。利用"字体"对话框设定字体。

(4)选中正文文字，在"开始"选项卡"段落"组中，打开"段落"对话框，选择"缩进和间距"选项卡，在"对齐方式"下拉列表框中选择"两端对齐"；"特殊格式"选项组中，选择"首行缩进"，设置磅值：2 字符；在"间距"选项组中，设置段前：1 行，行距："单倍行距"，单击"确定"按钮。

6.　第 6 小题的操作步骤：

(1)选中正文第二段，在"开始"选项卡的"段落"分组中，单击"下划线"按钮右侧的倒三角按钮 ⊞ ，在下拉列表中选择"边框和底纹"选项，打开"边框和底纹"对话框。

(2)单击"底纹"选项卡，单击"填充"框中的"无颜色"，在"样式"下拉列表框中选择 20%，在"应用于"下拉列表框中选择"段落"。

(3)单击"边框"选项卡，单击"设置"中的"三维"，在"样式"框中选择单实线，在"颜色"下拉列表框中选择"自动"，在"宽度"下拉列表框中选择 1.5，在"应用于"下拉列表框中选择"段落"单击"确定"按钮。

7.　第 7 小题的操作步骤：

(1)选中第一段，在"插入"选项卡"文本"组中，单击"首字下沉"下拉按钮 ，在下拉列表中选择"首字下沉选项"，在打开的对话框中选中"下沉"效果，设置下沉行数：2，距正文：0.2，字体：黑体，单击"确定"按钮。

(2)保存文件。

二、应用技巧

1. 移动和复制文本的方法比较多，还可以采用其他方法，如使用快捷键 Ctrl+C（复制）、Ctrl+X（剪切）、Ctrl+V（粘贴）；或使用快捷菜单，右键单击选中的文本，从快捷菜单中选择相应的命令实现。

2. "格式刷"用以实现文本格式的复制，单击"格式刷"按钮，可以实现一次格式复制，双击"格式刷"按钮，可以实现多次格式复制。还可用快捷键实现"格式刷"的功能，方法是：选定已设置格式的文本，按 Ctrl+Shift+C 组合键，将格式复制下来，再选定需要复制格式的文本，按 Ctrl+Shift+V 组合键即可。

3. 当采用各种方法改变字号时，在字号下拉列表框中最大磅数显示为 72。当需要使用更大的字号时，可以通过键盘直接输入所需的字号数值，然后按 Enter 键。

三、操作结果（图 3.1）

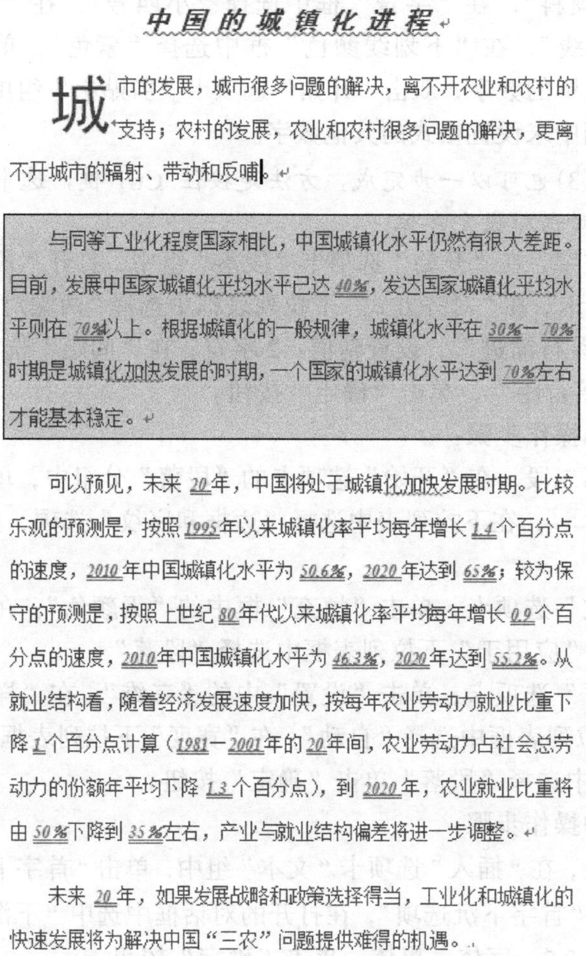

中国的城镇化进程

城市的发展，城市很多问题的解决，离不开农业和农村的支持；农村的发展，农业和农村很多问题的解决，更离不开城市的辐射、带动和反哺。

与同等工业化程度国家相比，中国城镇化水平仍然有很大差距。目前，发展中国家城镇化平均水平已达 *40%*，发达国家城镇化平均水平则在 *70%* 以上。根据城镇化的一般规律，城镇化水平在 *30%—70%* 时期是城镇化加快发展的时期，一个国家的城镇化水平达到 *70%* 左右才能基本稳定。

可以预见，未来 *20* 年，中国将处于城镇化加快发展时期。比较乐观的预测是，按照 *1995* 年以来城镇化率平均每年增长 *1.4* 个百分点的速度，*2010* 年中国城镇化水平为 *50.6%*，*2020* 年达到 *65%*；较为保守的预测是，按照上世纪 *80* 年代以来城镇化率平均每年增长 *0.9* 个百分点的速度，*2010* 年中国城镇化水平为 *46.3%*，*2020* 年达到 *55.2%*。从就业结构看，随着经济发展速度加快，按每年农业劳动力就业比重下降 *1* 个百分点计算（*1981—2001* 年的 *20* 年间，农业劳动力占社会总劳动力的份额年平均下降 *1.3* 个百分点），到 *2020* 年，农业就业比重将由 *50%* 下降到 *35%* 左右，产业与就业结构偏差将进一步调整。

未来 *20* 年，如果发展战略和政策选择得当，工业化和城镇化的快速发展将为解决中国"三农"问题提供难得的机遇。

图 3.1

实验二　表格的制作和编辑

一、操作提示

1. 第 1 小题的操作提示：

(1)在表格中进行数值数据的输入时，要注意输入的数字必须是半角状态。

(2)制作斜线表头。鼠标放在表格的左上角单元格，在"设计"选项卡的"表格样式"组中，单击"下框线"按钮右侧的倒三角按钮田·，在下拉列表中，选择"斜下框线"。分别输入两行文字，列标题为"姓名"，行标题为"科目"。

2. 第 2 小题的操作步骤：

(1)将光标定位在表格的任一个单元格中，在"布局"选项卡的"数据"组中，单击"排序"按钮。

(2)在弹出的"排序"对话框中，选择"主要关键字"为"大学英语"，单击"降序"单选按钮；选择"次要关键字"为"高等数学"，单击"升序"单选按钮，单击"确定"按钮。

3. 第 3 小题的操作步骤：

(1)将光标定位到表格最后一个单元格中，按 Tab 键，在表格下边增加一行。

(2)将光标定位到新插入行中的第一个单元格内，输入文本"各科平均分"。

(3)将光标定位到存储"大学英语"平均分的单元格中，在"布局"选项卡的"数据"组中，单击"公式"按钮。在弹出的"公式"对话框中"公式"的编辑框中输入"=AVERAGE(b2:b6)"；在"编号格式"组合框中输入"0.0"，单击"确定"按钮。

(4)照此方法将其余各科平均分单元格中填入该列各单元格数据的平均分。

4. 第 4 小题的操作步骤：

(1)选中表格第一行，在"布局"选项卡的"行和列"组中，单击"在上方插入"按钮。

(2)选中表格第一行，鼠标右键单击，在快捷菜单中选择"合并单元格"选项。

(3)将光标定位到合并后的单元格内，输入文本"学生成绩表"。

(4)选中文字，在"开始"选项卡的"字体"组中，设置中文字体：隶书，字号：三号，字体颜色：蓝色。

(5)在"布局"选项卡的"对齐方式"组中，单击"水平居中"按钮。

5. 第 5 小题的操作步骤：

(1)选中整个表格，在"设计"选项卡的"绘图边框"组中，设置笔样式："单实线"，笔画粗细：1.5 磅；单击"边框"下拉按钮，选择"外侧框线"选项，绘制外边框。

(2)在"设计"选项卡的"绘图边框"组中，设置笔样式："单实线"，笔画粗细：0.75磅；单击"边框"下拉按钮，选择"内部框线"选项，绘制内边框。

(3)在"设计"选项卡的"绘图边框"组中，设置笔样式："双实线"，笔画粗细：0.75磅。单击"绘制表格"按钮，使得鼠标变成铅笔的形状，拖动鼠标在表格第一行下边线及最后一行上边线位置移动，即绘制出所需的边框效果。

(4)选定表格第一行，在"设计"选项卡的"表格样式"组中，单击"底纹"下拉按钮，选择"黄色"。

6. 第6小题的操作步骤：

(1)选中表格第1列，在"布局"选项卡的"单元格大小"组中，填写宽度：3.5厘米。依此方法将后几列的列宽设置为2.5厘米。

(2)选中表格第3~8行，在"布局"选项卡的"单元格大小"组中，填写高度：0.8厘米。

(3)选中整个表格，右键单击表格，在快捷菜单中单击"单元格对齐方式"下的"水平居中"按钮。

(4)选中整个表格，单击"开始"选项卡的"段落"组中的"居中对齐"按钮，使表格在页面内居中对齐。

(5)保存文件。

二、应用技巧

1. 表格中行、列的插入方法较多，可以通过"表格工具"选项卡来完成，也可以通过鼠标右键打开快捷菜单来完成。若需在表格末尾增加一行，有两种更为简便的方法：将插入点移到表格的最后一个单元格的右边，按 Enter 键；或将插入点移到表格的最后一个单元格中（表格右下角单元格），按 Tab 键。

2. 在表格中创建公式时，首先要将光标定位至公式返回结果的目标单元格中。单元格区域范围除了用"首单元格列行号：尾单元格列行号"外，还有 Above（上面）、Left（左边）、Right（右边）、Below（下面）等。

3. 表格中文本内容的对齐方式与表格本身在页面中的对齐方式含义不一样。前者指文本在单元格中的对齐方式，包括垂直方向和水平方向不同的对齐组合形式，有靠上两端对齐、靠上居中、靠上右对齐、中部两端对齐、水平居中、中部右对齐、靠下两端对齐、靠下居中和靠下右对齐9种方式；后者指水平方向的对齐方式，有左对齐、右对齐、居中对齐、两端对齐和分散对齐5种不同的方式。

4. 复制表格时，如果直接将表格粘贴到紧邻表格的下一行，两个表格会合成为一个表格。如果需要两个独立的表格，只需在两个表格之间空一行，方法是按一次 Enter 键。

三、操作结果(图 3.2)

学生成绩表			
科目\姓名	大学英语	高等数学	普通物理
李华	90	74	65
胡小民	87	90	78
王小明	80	57	67
陈纲	80	87	72
刘一平	52	45	63
各科平均分	77.8	77.8	77.8

图 3.2

实验三 图片处理和页面排版

一、操作提示

1. 第 1 小题的操作步骤:

(1)打开 Word1.docx,选择"文件→另存为"命令,将文档另存为 Word3.docx。

(2)选中文档中的所有内容,按 Ctrl+Shift+Z 组合键,取消字体格式。

(3)单击文档第三段的任意位置,单击"开始"选项卡"剪贴板"组中的"格式刷"按钮,刷过文档的第二段,取消设定的特殊格式。

(4)单击第一段的任意位置,选择"插入"选项卡"文本"组中的"首字下沉"按钮,在下拉列表中选择"无",取消首字下沉效果。

2. 第 2 小题的操作步骤:

(1)选中标题文字"中国的城镇化进程",在"插入"选项卡的"文本"组中,单击"艺术字"按钮,在下拉列表中,单击第 4 行第 5 列艺术字样式。

(2)右键单击插入的艺术字,在弹出的字体工具栏中设置字体:"华文行楷",字号:36。单击快捷菜单中的"其他布局选项",打开"布局"对话框。在"文字环绕"选项卡中选择"环绕方式"为"嵌入型",单击"确定"按钮。

3. 第 3 小题的操作步骤:

(1)在"插入"选项卡的"插图"组中,单击"剪贴画"按钮,在弹出的"剪贴画"窗格中"搜索文字"栏输入"时钟",选中"包括 office.com 内容"复选框,单击"搜索"按钮,单击搜索到的"人与时钟"图标,将其插入当前文档中。

(2)选中插入的剪贴画,在"格式"选项卡的"大小"组中设置高度:5 厘米,宽度:5 厘米。在"调整"组中单击"艺术效果"按钮,在下拉列表中选择"浅色屏幕"效果。在"排列"组中单击"自动换行"按钮,在下拉列表中选择"四周型环绕"选项。

(3)拖动剪贴画到文档开始的恰当位置。

4．第4小题的操作步骤：

(1)在"插入"选项卡的"文本"组中，单击"文本框"按钮 ，在下拉列表中选择"简单文本框"效果。在文本中出现一个横排的简单文本框，在文本框中输入文字"中国的城镇化进程"。

(2)右击文本框，在弹出的字体工具栏中设置：华文彩云、三号、粗体。

(3)选定文本框，在"格式"选项卡的"形状样式"组中，单击"彩色轮廓-红色，强调颜色2"效果；再单击"形状效果"按钮，在下拉列表中选择"阴影→向下偏移"选项。

(4)拖动文本框至第三段，选定文本框，在"格式"选项卡的"排列"组中单击"位置"按钮，在下拉列表中选择"中间居中 四周型文字环绕"效果。

5．第5小题的操作步骤：

(1)在文档结束处按 Ctrl+Enter 快捷键可以快速地插入分页符，为文档手工分页。

(2)在"插入"选项卡的"插图"组中，单击 SmartArt 按钮 。在弹出的"选择 SmartArt 图形"对话框中，单击列表中"循环"类型"圆箭头流程"效果，即插入了"圆箭头流程"图形。在文本提示区域写入内容"输入设备"、"存储器"、"运算器"。

(3)在"设计"选项卡的"创建图形"组中，单击"添加形状"按钮，在下拉列表中选择"在后面添加形状"，即在后面增加一个图形。输入文字内容"输出设备"。

(4)单击"从右向左"按钮，调整箭头的指向。

6．第6小题的操作步骤：

(1)鼠标在第1页中单击，在"插入"选项卡的"页眉和页脚"组中，单击"页眉"按钮 ，在下拉列表中选择"拼板型(奇数页)"，即在第1页出现页眉编辑框。输入页眉标题"Word 的图形功能"，选中文字，在出现的字体工具栏中设置宋体、小五号。

(2)在"页眉和页脚工具/设计"选项卡的"选项"组中，勾选"奇偶页不同"复选框。单击"关闭页眉和页脚"按钮。

(3)用鼠标在第2页中单击，在"插入"选项卡的"页眉和页脚"组中，单击"页眉"按钮，在下拉列表中选择"拼板型(偶数页)"，参照上面的方法设置页眉。最后单击"关闭页眉和页脚"按钮。

7．第7小题的操作步骤：

(1)在"页面布局"选项卡的"页面设置"组中，单击"纸张大小"按钮，在下拉列表中选择"16 开 195×270"。

(2)单击"页边距"按钮，在下拉列表中选择"自定义边距"，在"页面设置"对话框中设置上、下：2厘米，左、右：2.5厘米，单击"确定"按钮。

(3)保存文件。

二、应用技巧

1. 应用组合键 Ctrl+Shift+Z，可以实现快速地取消文本所套用的各种格式。

2. "剪贴画"、"来自文件的图片"、"自选图形"、"图表"、"艺术字"、"文本框"等对象插入文档后，都被当作图片处理，可以实现图文混排。

3. 除了利用鼠标拖动图片的填充句柄调整图片的大小外，还可以通过输入"高度"、"宽度"值，为对象的高宽设置精确尺寸。

4. 用户在拖动图片对象时，可以同时按下 Alt 键，会使鼠标在拖动时很平稳而无跳跃感。

5. 除了应用"页面设置"对话框设置精确的页边距外，还可以在页面视图下，应用鼠标拖动标尺的两端来调节上、下、左、右页边距。

6. 编辑"页眉和页脚"时，可以选择"插入"选项卡的"页眉"或"页脚"，也可以用鼠标直接双击页眉或页脚区进入"页眉/页脚"编辑区；用鼠标双击正文，即可退出"页眉/页脚"编辑区。

三、操作结果(图 3.3)

练习制作框图

中国的城镇化进程

城市的发展，城市很多问题的解决，离不开农业和农村的支持；农村的发展，农业和农村很多问题的解决，更离不开城市的辐射、带动和反哺。

与同等工业化程度国家相比，中国城镇化水平仍然有很大差距。目前，发展中国家城镇化平均水平已达 40%，发达国家城镇化平均水平则在 70% 以上。根据城镇化的一般规律，城镇化水平在 30%～70% 时期是城镇化加快发展的时期，一个国家的城镇化水平达到 70% 左右才能基本稳定。

可以预见，未来 20 年，中国将处于城镇化加快发展时期。

比较乐观的预测是，按照 1995 年以来城镇化率平均每年增长 1.4 个百分点的速度，2010 年中国城镇化水平为 50.6%，2020 年达到 65%；较为保守的预测是，按照20世纪80 年代以来城镇化率平均每年增长 0.9 个百分点的水平为 46.3%，2020 年达速度，2010 年中国城镇化到 55.2%。从就业结构看，随着经济发展速度加快，按每年农业劳动力就业比重下降 1 个百分点计算（1981－2001 年的 20 年间，农业劳动力占社会总劳动力的份额年平均下降 1.3 个百分点），到 2020 年，农业就业比重将由 50% 下降到 35% 左右，产业与就业结构偏差将进一步调整。

未来 20 年，如果发展战略和政策选择得当，工业化和城镇化的快速发展将为解决中国"三农"问题提供难得的机遇。

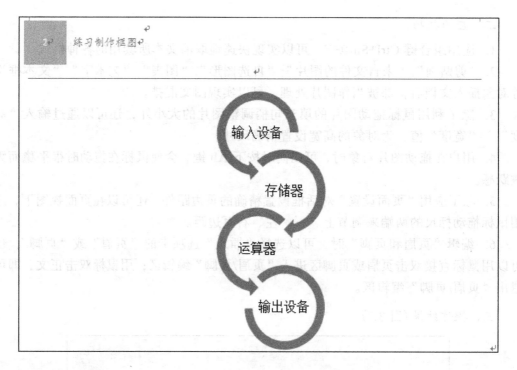

图 3.3

实验四　Word 操作综合训练一

一、操作提示

1. 第 1 小题的操作提示：

文本输入时，段前一般不加空格，用缩进的方式完成各种对齐操作。

2. 第 2 小题的操作步骤：

(1)将光标定位至文章的起始位置，在"开始"选项卡的"编辑"组中，单击"替换"按钮，弹出"查找和替换"对话框。设置查找内容为"负电"，替换为"浮点"，单击"全部替换"按钮，稍后弹出消息框，单击"确定"按钮。

(2)选中全文，在"开始"选项卡的"字体"组中，设置字体：宋体，字号：小四号。在"开始"选项卡的"段落"组中，打开"段落"对话框，选择"缩进和间距"选项卡，在"特殊格式"选项组中，选择"首行缩进"，设置磅值：2 字符；在"间距"选项组中，设置行距：1.5 倍行距，单击"确定"按钮。

(3)选择公式"N=M·RE"的"E"，在"开始"选项卡的"字体"组中，打开"字体"对话框，在"效果"中单击选中"上标"复选框，单击"确定"按钮。

3. 第 3 小题的操作提示：

选中第二段文本，在"页面布局"选项卡的"页面设置"组中，单击"分栏"按钮，在下拉列表中选择"更多分栏"选项，打开"分栏"对话框。在"预设"栏中选择"两栏"，单击选中复选框"分隔线"，单击"确定"按钮。

4．第 4 小题的操作提示：

建立表格，注意表格中的数字一定是半角形式。

5．第 5 小题的操作步骤：

(1)在表格上方的空行中，输入表格标题"学时、学分情况一览表"。

(2)选中表格的标题行，在"开始"选项卡的"段落"组中，单击"居中"按钮。

(3)选中表格最后一列，在"布局"选项卡的"行和列"组中，单击"在右侧插入"按钮，在表格右边插入一列，输入列标题"总学分"。

(4)将光标置于"第一学年"所在的"总学分"单元格中，在"布局"选项卡的"数据"组中，单击"公式"按钮，打开"公式"对话框。在"公式"栏输入"=(b2+c2)/2"，在"编号格式"栏中输入 0.00，单击"确定"按钮。

(5)依照此方法，求出"第二学年"、"第三学年"和"第四学年"的总学分。

6．第 6 小题的操作步骤：

(1)鼠标单击表格下方空白区域，在"插入"选项卡的"插图"组中，单击"图表"按钮 ，打开"插入图表"对话框，选择"柱形图→簇状柱形图"图标，单击"确定"按钮。

(2)在右边出现 Excel 窗口，将表格中的数据复制到 Excel 数据表中，则在左边的 Word 窗口中会自动生成以该表格数据为依据的簇状柱形图。操作完毕后，关闭右边 Excel 窗口。

(3)保存文件。

二、应用技巧

对文章设置分栏，如果包含最后一段文本内容，很容易造成所分的栏高不一致，甚至看不出分栏效果，原因在于选定文本时，将最后一段文本的段落标记也选上了。

三、操作结果(图 3.4)

浮点数是指小数点在数据中的位置可以左右移动的数据，它通常被表示成：$N=M \cdot R^E$，这里，M 称为浮点数的尾数、R 称为阶的基数、E 称为阶的阶码。

计算机中一般规定 R 为 2、8 或 16，是一个常数，不需要在浮点数中明确表示再来。要表示浮点数，一是要给出尾数，通常用定点小数的形式表示，它决定了浮点 的表示精度；二是要给出阶码，通常用整数形式表示，它指出小数点在数据中的位置，也决定了浮点数的表示范围。浮点数一般也有符号位。

学时、学分情况一览表

学年	理论教学学时	实践教学学时	总学分
第一学年	100	60	80.00
第二学年	95	70	82.50
第三学年	80	85	82.50
第四学年	60	120	90.00

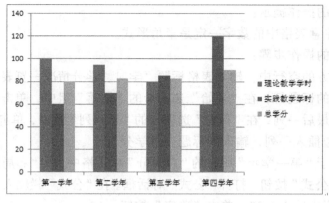

图 3.4

实验五　Word 操作综合训练二

一、操作提示

1. 第 1 小题的操作步骤：

(1)选中标题文字"什么是 Internet"，在"插入"选项卡的"文本"组中，单击"艺术字"按钮 ，在下拉列表中，单击第 1 行第 2 列艺术字样式。

(2)选中插入的艺术字，在弹出的"格式"工具栏中设置：华文中宋、小初号。单击"颜色"下拉按钮，选择"红色"。

2. 第 2 小题的操作步骤：

(1)选中"因特网"3 个字，在"开始"选项卡的"字体"组中，设置字体：黑体，字号：小四号。单击"颜色"下拉按钮，选择"蓝色"；单击"下划线"下拉按钮，选择"双实线"。

(2)选中正文，在"开始"选项卡的"段落"组中，打开"段落"对话框，选择"缩进和间距"选项卡，在"特殊格式"选项组中，选择"首行缩进"，设置磅值：2 字符；在"间距"选项组中，设置行距："固定值"，设置值：20 磅，单击"确定"按钮。

3. 第 3 小题的操作步骤：

选中第二段文本，在"页面布局"选项卡的"页面设置"组中，单击"分栏"按钮，在下拉列表中选择"更多分栏"选项，打开"分栏"对话框。在栏数中输入"3"，去掉"栏宽相等"复选框，取消默认的栏宽相等设置，设置第 1、2、3 栏的宽度分别为：13 字符、12 字符、11 字符。单击选中复选框"分隔线"，单击"确定"按钮。

4. 第 4 小题的操作步骤：

(1)在"审阅"选项卡的"校对"组中，单击"字数统计"按钮 ，打开"字数统计"对话框。

(2)按 Alt+ PrintScreen 快捷键，将光标定位到文本最后，按 Ctrl+V 快捷键，将对话框作为图形插入文本中。

5. 第 5 小题的操作提示：

(1)在文档的最后按 Ctrl+Enter 快捷键，插入分页符。在新的一页上建立表格，注意表格中的数字一定是半角形式。

(2)利用"合并及居中"功能将第一行合并为一个单元格。

6. 第 6 小题的操作步骤：

(1)将光标置于 E3 单元格中，在"布局"选项卡的"数据"组中，单击"公式"按钮，打开"公式"对话框。在"公式"栏输入"=C3*0.3+D3*0.7"，在"编号格式"栏中输入 0.0，单击"确定"按钮。

(2)依照此方法，求出各位学生的总评成绩。

(3)选中表格标题行，在"开始"选项卡的"字体"组中设置标题格式为黑体、小三号，在"布局"选项卡的"对齐方式"组中设置标题居中对齐。

(4)选定表格其余数据，在"开始"选项卡的"字体"组中设置其格式为幼圆、四号，在"布局"选项卡的"对齐方式"组中设置文字居中对齐。

(5)选中整个表格，在"设计"选项卡的"绘图边框"组中，设置笔样式："虚线"，笔划粗细：3 磅。单击"边框"下拉按钮，选择"外侧框线"选项，绘制外边框。设置笔样式："实线"，笔划粗细：1.5 磅，单击"边框"下拉按钮，选择"内部框线"选项，绘制内边框。

7. 第 7 小题的操作步骤：

(1)选择"文件→另存为"，在"另存为"对话框中单击"工具"按钮，在下拉列表中选择"常规选项"，打开"常规选项"对话框。在"打开文件时的密码"框中输入"12345"，单击"确定"按钮，打开"确认密码"对话框，在文本框中再次输入"12345"，单击"确定"按钮。

(2)保存文件。

二、应用技巧

可以为文档设置"打开权限密码"和"修改权限密码"，密码可以是字母、数字和符号，输入的密码区分大小写。

三、操作结果(图 3.5)

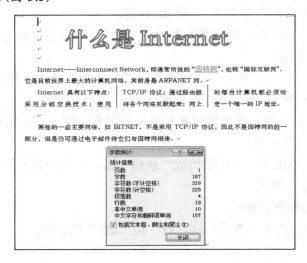

生物工程学院 2008 级 "计算机应用基础"成绩单				
学号	姓名	平时成绩	期末成绩	总评成绩
20081001	周小天	75	80	78.5
20081007	李平	80	72	74.4
20081020	张华	87	67	73.0
20081025	刘一丽	78	84	82.2

图 3.5

3.3　Excel 2010 的使用

实验一　输入和编辑数据

一、操作提示

1. 第 1 小题的操作提示：

(1)输入数据时，注意数字必须是英文状态(半角)。

(2)存盘时不需要输入扩展名 xlsx，只需输入文件名 Excel1，扩展名自动追加。

2. 第 2 小题的操作步骤：

(1)将光标定位到 E3 单元格，在编辑栏输入公式：=AVERAGE(B3:D3)，按 Enter 键。

(2)选中 E3 单元格，鼠标指向其右下角的填充句柄，此时鼠标变成十字形状，按住鼠标左键向下拖动到 E11 单元格，释放鼠标左键。

(3)选中表格区域"E3:E11"，单击"开始"选项卡"数字"组的"减少小数位数"按钮 4 次，平均分保留一位小数。

(4)将光标定位到 F3 单元格，单击"开始"选项卡"编辑"组的"自动求和"按钮 **Σ**，将公式中的"E3"改为 D3，按 Enter 键。

(5)选中 F3 单元格，鼠标指向其右下角的填充句柄，按住鼠标左键向下拖动到 F11 单元格，释放鼠标左键。

(6)将光标定位到 B12 单元格，单击编辑栏的"*fx*"，从函数列表中选择 Max，默认公式为：=Max(B3:B11)，按 Enter 键。

(7)选中 B12 单元格，鼠标指向其右下角的填充句柄，按住鼠标左键向右拖动到 F12 单元格，释放鼠标左键。

(8)选中 E12，单击"减少小数位数"按钮 4 次，平均分保留一位小数。

(9)单击"保存"按钮。

3. 第 3 小题的操作步骤：

(1)单击行号 5，选中"李强"这一行，按 Ctrl+X 快捷键。

(2)单击行号 10，右键单击选中的行，单击快捷菜单中的"插入已剪切的单元格"。

(3)单击行号 4，按 Ctrl+C 快捷键。

(4)单击行号 12，右键单击选中的行，单击快捷菜单中的"插入复制的单元格"，按 Esc 键。

(5)单击"保存"按钮。

4. 第 4 小题的操作提示：

(1)右键单击列号 B，单击快捷菜单中的"插入"命令，在"姓名"列右边插入一个空列。

(2)输入相应的内容。

(3)单击"保存"按钮。

5. 第 5 小题的操作提示：

(1)右键单击行号 12，从快捷菜单中选择"删除"命令。

(2)右键单击行号 7，从快捷菜单中选择"插入"命令，插入一个空行，输入所要求的数据。

(3)单击"保存"按钮。

6. 第 6 小题的操作提示：

(1)在 H2 中输入"等级"，将光标定位到 H3 单元格，在编辑栏输入公式：=IF(F3>=90, "优",IF(F3>=75,"良",IF(F3>=60,"中","差")))，按 Enter 键。H3 显示公式计算的结果值"良"。

(2)选中 H3 单元格，鼠标指向其右下角的填充句柄，按住鼠标左键向下拖动到 H12 单元格，释放鼠标左键。

(3)单击"保存"按钮。

7. 第 7 小题的操作提示：

(1)将光标定位到 E15 单元格，在编辑栏输入公式：=COUNTIF($B$3:$B$12, "=男")，按 Enter 键。

(2)将光标定位到 E16 单元格，在编辑栏输入公式：=COUNTIF($B$3:$B$12, "=女")，按 Enter 键。

(3)单击"保存"按钮。

二、应用技巧

1. 函数可由用户在编辑栏直接输入，也可使用粘贴函数按钮，在系统的提示下输入。

2. 可以使用"开始"选项卡的"编辑"组中的"自动求和"按钮Σ来实现 SUM 函数的功能。

3. 在使用函数或公式时，当单元格的公式需要复制到其他单元格时，若希望公式中的单元格地址的引用随着目标单元格的改变而变化，则公式或函数中的单元格地址的引用应使用相对引用，否则，应使用绝对引用。

三、操作结果（图 3.6）

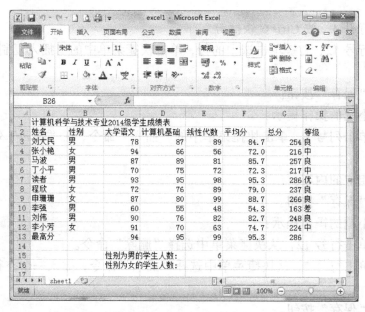

图 3.6

实验二　工作表的编辑和格式化

一、操作提示

1. 第 1 小题的操作提示：

（1）打开 Excel1.xlsx，右键单击标签名 Sheet1，选择"重命名"，并输入"学生成绩表"，按 Enter 键。

（2）鼠标指向标签名"学生成绩表"，同时按住 Ctrl 键，拖动鼠标，此时屏幕会有一个向下的箭头在移动，当箭头移动到Sheet2 左边时释放。工作簿中增加一个名为"学生成绩表（2）"的工作表。

（3）直接拖动工作表"学生成绩表（2）"的标签至 Sheet3 的右边。

（4）单击"保存"按钮。

2. 第 2 小题的操作步骤：

（1）右键单击行号 2，从快捷菜单中选择"插入"命令，插入一个空行。

（2）选中表格区域"A1:H1"，单击"开始"选项卡"对齐方式"组的"合并后居中"按钮 。

（3）利用"开始"选项卡"字体"组，设置标题格式为隶书、18 磅、加粗、斜体、红色。

（4）单击"保存"按钮。

3. 第 3 小题的操作步骤：

（1）选中表格区域"A3:H3"，利用"开始"选项卡"字体"组设置列标题格式为黑体、蓝色、12 磅；单击"开始"选项卡"单元格"组的"格式"按钮，从下拉列表中选择"行高"命令，在数字框中输入 25；单击"开始"选项卡"对齐方式"组右下角的"设置单元格格式"按钮 ，打开"设置单元格格式"对话框的"对齐"标签，在"水平对齐"和"垂直对齐"下拉列表框中选择"居中"，单击"确定"按钮。

(2)选中表格区域"A4:H14"，利用"开始"选项卡"字体"组设置字体格式为楷体、12 磅；单击"开始"选项卡"对齐方式"组右下角的"设置单元格格式"按钮 ，打开"设置单元格格式"对话框的"对齐"标签，在"水平对齐"和"垂直对齐"下拉列表框中选择"居中"，单击"确定"按钮。

(3)单击"保存"按钮。

4. 第 4 小题的操作提示：

(1)选中表格区域"A3:H14"，右键单击选中的区域，选择"设置单元格格式"菜单项，打开"设置单元格格式"对话框，单击"边框"标签，在"线条"栏的"样式"框中选择最粗的单实线，单击"预置"栏的外边框；再选择最细的单实线，单击"预置"栏中的内部内框，单击"确定"按钮。

(2)选中不连续的表格区域"A4:H4"及"A14:H14"（提示：按 Ctrl 键选定），打开边框设置对话框，在"线条"栏的"样式"框中选择双线，单击"边框"栏中的上边框，单击"确定"按钮。

(3)选中不连续的表格区域"A3:H3"及"A14:H14"，单击"开始"选项卡"样式"组中"单元格样式"按钮，在"主题单元格样式"中单击 强调文字... 按钮。

(4)单击"保存"按钮。

5. 第 5 小题的操作提示：

(1)选定表格区域"F4:F13"，单击"开始"选项卡"样式"组"条件格式"按钮，选择"突出显示单元格规则"级联列表的"其他规则"选项，打开如图 3.7 所示的"新建格式规则"对话框。在"编辑规则说明"中设置"单元格值大于或等于90"。单击"格式"按钮，设置字体为蓝色、加粗，单击"确定"按钮。

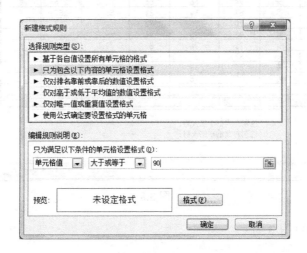

图 3.7

(2)依照步骤(1)的方法再次设置当平均分小于60分,平均分为红色、加粗、倾斜。

(3)单击"保存"按钮。

6.　第6小题的操作提示:

(1)选中表格区域"C3:E14",单击"开始"选项卡"单元格"组的"格式"按钮,从打开的列表中选择"自动调整列宽"。可将"大学语文"、"计算机基础"和"线性代数"各列宽度设置为"最适合的列宽"。

(2)单击"学生成绩表(2)"标签,选中表格区域"A2:H13",单击"开始"选项卡"样式"组的"套用表格样式"按钮,选择其中的"表样式中等深浅18"。

(3)单击"保存"按钮。

二、应用技巧

1.　为工作表重命名,可以直接双击工作表标签名,输入新名字,按 Enter 键。

2.双击某行号下边或某列号右边的分隔线可以快速地调整行高和列宽为"最合适的行高、列宽"。

三、操作结果

学生成绩表(图3.8):

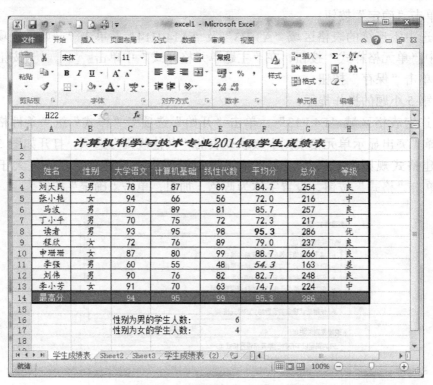

图 3.8

学生成绩表(2)(图3.9):

图 3.9

实验三　数据管理、数据图表化和页面设置

一、操作提示

1. 第 1 小题的操作步骤：

（1）打开 Excel1.xlsx，选中学生成绩表中不连续的表格区域"A3:E13"和"G3:G13"，按 Ctrl+C 快捷键。

（2）单击标签名 Sheet2，选中 Sheet2 工作表，单击 A1 单元格，按 Enter 键，将数据复制过来。

（3）单击 Sheet2 中内容为空的任一单元格，使之成为活动单元格，单击"开始"选项卡中格式刷按钮，此时鼠标显示为带刷子的空心十字，拖动鼠标左键扫过有数据的区域，这样复制的数据被格式化为 Excel 中默认的数值格式（即宋体、11 磅、无边框线）。

（4）选中 Sheet2 中不连续的表格区域"A1:A11"和"C1:E11"，按 Ctrl+C 快捷键。

（5）单击标签名 Sheet3，选中 Sheet3 工作表，单击 A1 单元格，按 Enter 键，将数据复制过来。

（6）单击"保存"按钮。

2. 第 2 小题的操作步骤：

（1）选中 Sheet2 中的表格区域"A1:F11"，单击"开始"选项卡"编辑"组中的"排序和筛选"按钮，选择"自定义排序"选项，打开"排序"对话框；在"主要关键字"栏中选择"总分"、"降序"；单击"添加条件"按钮，在"次要关键字"栏中设置"性别"、"升序"，单击"确定"按钮。

（2）右键单击列号 A，从快捷菜单中选择"插入"命令。

（3）在 A1 单元格输入数据"名次"，在 A2 单元格输入数字 1，选中 A2 单元格，鼠标指向其右下角的填充句柄，此时鼠标变成十字形状，按住 Ctrl 键并向下拖动鼠标左键到 A11 单元格，释放鼠标左键。

（4）单击"保存"按钮。

3．第 3 小题的操作步骤：

（1）选中表格区域"A1:G11"，单击"开始"选项卡"编辑"组中的"排序和筛选"按钮，选择"自定义排序"选项，打开"排序"对话框，在"主要关键字"栏中选择"性别"、"降序"，删除"次要关键字"行，单击"确定"按钮。

（2）单击"数据"选项卡"分级显示"组的"分类汇总"按钮，打开"分类汇总"对话框，在"分类字段"框中选择"性别"，在"汇总方式"框中选择"平均值"，在"选定汇总项"中选中"大学语文"和"计算机基础"复选框，单击"确定"按钮。

（3）单击"保存"按钮。

4．第 4 小题的操作步骤：

（1）单击标签 Sheet3，选中 Sheet3 中的数据区域"A1:D11"，单击"插入"选项卡"图表"组的"柱形图"按钮，从中选择"三维簇状柱形图"，在 Sheet3 中快速生成一个图表。同时打开如图 3.10 所示的"图表工具"选项卡。

图 3.10

（2）从"图表布局"组中单击选择 样式(包含有图表标题及横纵坐标标题的样式)，单击各标题框，修改图表标题、横纵坐标轴标题内容。

（3）右键单击纵坐标标题，选择"设置坐标轴标题格式"，单击"对齐方式"，在"文字方向"中选择"竖排"，单击"关闭"按钮，使纵坐标标题格式改为竖排样式。

（4）单击"保存"按钮。

5．第 5 小题的操作步骤：

（1）选中新建的图表，将鼠标指向图表右下角，当鼠标变成双向箭头时即可拖动鼠标调整图表的大小。放大并移动图表到 A13:I31 区域。

（2）单击选中需要设置的各项，利用"开始"选项卡"字体"组中的各按钮，设置图表各内容的字体、字号等。

（3）单击"保存"按钮。

6．第 6 小题的操作步骤：

（1）将光标置于图表之外的任何一个单元格中，单击"页面布局"选项卡"页面设置"组中的"纸张大小"按钮，从下拉列表中选择 A4。

（2）单击"页边距"按钮，从中选择"自定义边距"选项，打开"页面设置"对话框，在"居中方式"栏中选中"水平"复选框，在"上"边距和"下"边距数字框中输入 2。

（3）单击"页面设置"对话框的"页眉/页脚"标签，单击"自定义页眉"按钮，进入"页眉"对话框。将光标定位到"中"框内，输入文字"学生成绩表"，选中输入的"学生成绩表"，单击"格式文本"按钮 A，在打开的"字体"对话框中设置字体格式为华文行楷、12 磅，单击"确定"按钮。

（4）单击"自定义页脚"按钮，进入"页脚"对话框，将光标定位到"中"框内，单击"插入页码"按钮，照步骤（3）的方法设置其字体为宋体、12 磅；单击"右"框，单击"插入日期"按钮，设置其字体为楷体、12 磅，单击"确定"按钮。

（5）单击"保存"按钮。

二、应用技巧

1. 将表格内容复制后，如果粘贴一次，在目标区域按 Enter 键就可完成。粘贴操作选择目标区域时，要么选择该区域的第一个单元格，要么选择与原区域一样大小，如果选择的目标区域比原数据区域小，将无法复制。

2. 若要删除分类汇总的结果，方法是：单击分类汇总结果中的任一单元格，单击"数据"选项卡"分级显示"组的"分类汇总"按钮，在"分类汇总"对话框中单击"全部删除"按钮。

3. 若图表的绘图区较小，可以先选中绘图区，然后拖动四角上的控制句柄来放大绘图区。

三、操作结果

Sheet2（图 3.11）：

图 3.11

Sheet3（图 3.12）：

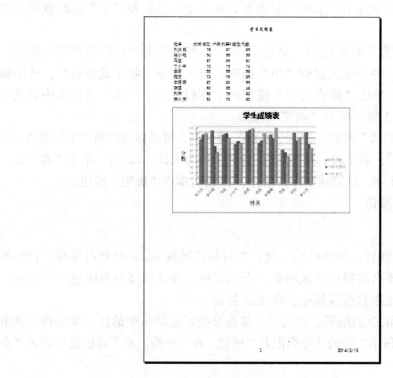

图 3.12

实验四　Excel 操作综合训练一

一、操作提示

1. 第 1 小题的操作步骤：

(1)右键单击列号 C，从快捷菜单中选择"插入"命令。

(2)在 C1 单元格中输入"部门"列标题。

(3)将光标定位到 C2 单元格，在编辑栏输入公式："=IF(LEFT(A2,1)="A","外语系", IF(LEFT(A2,1)="B","中文系","计算机系"))"，按 Enter 键。

(4)选中 C2 单元格，鼠标指向其右下角的填充句柄，此时鼠标变成"十字"形状。按住鼠标左键向下拖动到 C7 单元格，释放鼠标左键。

(5)单击"保存"按钮。

2. 第 2 小题的操作步骤：

(1)将光标定位到 F2 单元格，在编辑栏输入公式："=D2-E2"，按 Enter 键。

(2)选中 F2 单元格，鼠标指向其右下角的填充句柄，此时鼠标变成十字形状。按住鼠标左键向下拖动到 F7 单元格，释放鼠标左键。

(3)将光标定位到 D8 单元格，在编辑栏输入公式："=MAX(D2:D7)"，按 Enter 键。

(4)将光标定位到 F8 单元格，在编辑栏输入公式："=MIN(F2:F7)"，按 Enter 键。

(5) 单击"保存"按钮。

3. 第 3 小题的操作步骤：

(1) 选中表格区域"A1:F7"，单击"开始"选项卡"编辑"组的"排序和筛选"按钮，选择"自定义排序"选项，打开"排序"对话框，在"主要关键字"栏中选择"实发工资"、"升序"，单击"确定"按钮。

(2) 选中表格区域"A7:F7"，单击"开始"选项卡"单元格"组的"格式"按钮，从下拉列表中选择"行高"命令，在数字框中输入 26。

(3) 单击"开始"选项卡"对齐方式"组右下角的"设置单元格格式"按钮 ，打开"设置单元格格式"对话框的"对齐"标签。在"垂直对齐"下拉列表框中选择"居中"，单击"确定"按钮。

(4) 单击"开始"选项卡"字体"组"填充颜色"按钮的下拉按钮，从中选择蓝色的填充色。

(5) 单击"保存"按钮。

二、操作结果 (图 3.13)

	A	B	C	D	E	F
1	编号	姓名	部门	基本工资	水电费	实发工资
2	C12	夏艳艳	计算机系	906.78	100.38	806.4
3	B11	李明	中文系	1000.45	153.35	847.1
4	A01	周小四	外语系	1200.76	120	1080.76
5	A04	刘一朋	外语系	1300.89	150.43	1150.46
6	C05	黄芳	计算机系	1600	245.67	1354.33
7	B04	丁月月	中文系	2000	130	1870
8				2000		806.4

图 3.13

实验五　Excel 操作综合训练二

一、操作提示

1. 第 1 小题的操作步骤：

(1) 将光标定位到 E3 单元格，单击"开始"选项卡"编辑"组的"自动求和"按钮 Σ，E3 单元格的内容变成"=SUM(B3:D3)"，按 Enter 键。

(2) 选中 E3 单元格，鼠标指向其右下角的填充句柄，此时鼠标变成"十字"形状，按住鼠标左键向下拖动到 E8 单元格，释放鼠标左键。

(3) 将光标定位到 F3 单元格，单击编辑栏的"插入函数"按钮 ，在"插入函数"对话框的"选择函数"列表框中选择 RANK，单击"确定"按钮。在弹出的"函数参数"对话框中，在 Number 编辑栏中输入 E3，在 Ref 编辑栏中输入$E$3:$E$8，在 Order 编辑栏中输入 0 或不输入，单击"确定"按钮。

(4) 选中 F3 单元格，鼠标指向其右下角的填充句柄，此时鼠标变成十字形状，按住鼠标左键向下拖动到 F8 单元格，释放鼠标左键。

(5) 单击"保存"按钮。

2. 第 2 小题的操作步骤：

（1）选中表格区域"A2:D8"，单击"插入"选项卡"图表"组的"折线图"按钮，从中选择"折线图"。

（2）从"图表布局"组中单击选择样式(包含有图表标题及横纵坐标标题的样式)，单击各标题框，修改图表标题、横纵坐标轴标题内容。

（3）右键单击纵坐标标题，选择"设置坐标轴标题格式"，单击"对齐方式"，在"文字方向"中选择"竖排"，单击"关闭"按钮，使纵坐标标题格式改为竖排样式。

（4）单击"保存"按钮。

二、操作结果(图 3.14)

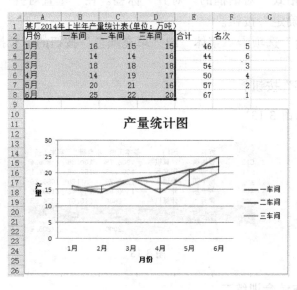

图 3.14

3.4　PowerPoint 2010 的使用

实验一　PowerPoint 操作综合训练一

一、操作提示

1. 第 1 小题的操作提示：

（1）打开 PowerPoint，在大纲窗口鼠标右击，快捷菜单中选择"新建幻灯片"命令。

（2）单击"快速访问工具栏"的"保存"按钮，弹出"另存为"对话框，选好保存位置后输入文件名字 Power1，单击"确定"按钮保存。

2. 第 2 小题的操作提示：

（1）选中第 1 张幻灯片，输入主标题文本为"计算机基础知识"，副标题文本为"大学计算机教材"。

（2）选择"插入"选项卡"剪贴画"按钮，打开剪贴画窗格，单击"搜索"按钮，在下拉列表中找到"计算机"图片，单击插入幻灯片中，并移动到合适位置。

（3）选中剪贴画，单击"动画"选项卡，在"动画"组中选择动画为"轮子" 。单击"效果选项"下拉列表中的"轮辐图案(3)"。

（4）选中主标题占位符，单击"动画"选项卡，在"动画"组中选择动画为"形状"。在"计时"组的"开始"下拉列表中选择"上一动画之后"。

（5）预览动画效果。

3．第 3 小题的操作提示：

（1）选中第 2 张幻灯片，输入标题文本为"计算机系统的组成"。

（2）单击"插入"选项卡的 SmartArt 按钮，在弹出的对话框中选择"层次结构→标记的层次结构"。

（3）在层次结构图中有 3 块并排放置的淡蓝色文本框，鼠标单击后按 Delete 键删除，即去掉层次结构左边的文本标记。

（4）选中最右下角的形状，选择"SmartArt 工具/设计"选项卡中的"添加形状"下拉列表，单击其中"在后面添加形状"按钮，即可生成题目上要求的层次结构图。

（5）按照题目上的内容输入层次结构图中的文字。

4．第 4 小题的操作提示：

在大纲窗格中单击某一张幻灯片，在"设计"选项卡中单击主题"波形"，即所有幻灯片应用了题目要求的主题。打开"主题"组中的"颜色"下拉列表，选择 Office 配色效果。

5．第 5 小题的操作提示：

（1）在大纲窗格中单击第一、二张幻灯片的中间位置，出现一根细横线。单击"开始"选项卡中的"新建幻灯片"下拉列表，选择"两栏内容"版式，即在第一、二张幻灯片之间创建了一张两栏样式的新幻灯片。

（2）输入主标题文本为"计算机中进位计数制"，左边输入如图所示的文字内容，右边单击占位符中的"插入表格"按钮，在弹出的"插入表格"对话框中输入行数 5，列数 4，单击"确定"按钮。

（3）在表格中输入题目所示的内容，输入完毕后鼠标右击表格，在弹出的"格式"工具栏中设置表格中的字体格式：宋体、18 磅、加粗。

6．第 6 小题的操作提示：

（1）大纲窗格中，鼠标在最后一张幻灯片的后面右击，选择"新建幻灯片"命令。

（2）选择"插入"选项卡的"艺术字"下拉列表，单击其中的一种艺术字样式。

（3）在"艺术字文本框"中删除以前的内容，输入文字"谢谢观看！"。

（4）操作完毕后按 Ctrl+S 快捷键进行保存。

二、应用技巧

1．新建幻灯片时鼠标右键"新建幻灯片"的方式相当于功能区中"新建幻灯片"下拉列表的"标题和内容"版式。如果要创建不同的版式，应单击"开始"选项卡中的"新建幻灯片"下拉按钮。

2. 插入 SmartArt 图形后往往还需要进行调整，可以通过鼠标右键快捷菜单，或功能区中的"添加形状"下拉列表进行增加，也可以选中某个形状后按 Delete 键进行删除。

三、操作结果（图 3.15）

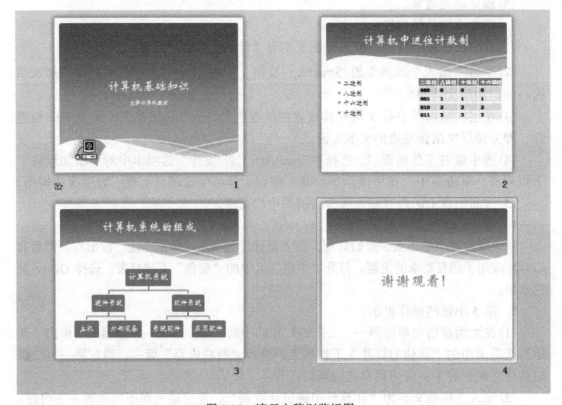

图 3.15　演示文稿浏览视图

实验二　PowerPoint 操作综合训练二

一、操作提示

1. 第 1 小题的操作提示：

打开 Power1.pptx，选择"文件→另存为"，输入文件名 Power2，并单击"保存"按钮。

2. 第 2 小题的操作提示：

（1）选中第一、二张幻灯片，在"切换"选项卡中选择"随机线条"效果 ，在"声音"下拉列表中选择"风铃" ，预览切换效果。

（2）选中第三、四张幻灯片，在"切换"选项卡中选择 "覆盖"效果 ，在"持续时间"微调框中设置时间为 2 秒 ，预览切换效果。

3. 第 3 小题的操作提示：

（1）在"插入"选项卡中单击"页眉和页脚"按钮 ，在"页眉和页脚"对话框中勾选复选框"日期和时间",并选择单选按钮"自动更新"。勾选"幻灯片编号"复选框,单击"全部应用"按钮,为演示文稿加入日期和编号。

(2)单击"视图"选项卡的"幻灯片母版"按钮 ,打开幻灯片母版设置界面。选择首页幻灯片母版,在幻灯片窗格中鼠标右击"日期区"占位符,在弹出的"格式"工具栏中设置颜色为黄色,字号 20。右击"数字区"占位符,在弹出的"格式"工具栏中设置颜色为蓝色,字号 20。

(3)单击"关闭母版视图"按钮 ,退出母版编辑视图。每张幻灯片都添加了指定格式的日期和幻灯片编号。

4. 第 4 小题的操作提示:

(1)选择第 1 张幻灯片,选择"插入"选项卡"音频"下拉列表 ,单击"文件中的音频"。

(2)在"插入音频"对话框中指定音乐文件的路径和名称,单击"插入"按钮,则幻灯片中插入声音图标。

(3)选中幻灯片中的声音图标,在"播放"选项卡中单击"开始"下拉列表,选择"跨幻灯片播放" 选项,使得音乐将在整个演示文稿放映过程中持续播放,实现背景音乐的效果。

(4)勾选"播放"选项卡中的"放映时隐藏"复选框 ,使得幻灯片放映过程中不显示声音图标。

5. 第 5 小题的操作提示:

(1)选择第四张幻灯片,选择"插入"选项卡的"形状"下拉列表,单击"向上箭头" 图标,此时鼠标变成"十"字形状,在幻灯片的右下角进行拖动,绘制出箭头图形。

(2)选中箭头形状,单击"插入"选项卡的"超链接"按钮,打开"插入超链接"对话框,单击"本文档中的位置"按钮,选中第一张幻灯片,单击"确定"按钮。

6. 第 6 小题的操作提示:

(1)放映有多种方式:按 F5 键,直接从第一张幻灯片开始放映;单击"幻灯片放映"视图按钮 ,或按 Shift+F5 键,从当前幻灯片开始放映。

(2)在放映幻灯片的过程中,有背景音乐持续播放。默认情况下,按↓、→键、Enter键或单击鼠标左键都可以转到下一张,按↑、←键可以转到上一张。在最后一张幻灯片中单击箭头图形可以超链接跳转到第一张幻灯片。

(3)操作完毕后按 Ctrl+S 键进行保存。

二、应用技巧

1. 若要使插入的内容显示在每一张幻灯片中,可以在"幻灯片母版"中插入内容。

2. 可以为幻灯片添加日期、编号等页眉和页脚内容,若要设置日期、编号的字体格式,需要在"幻灯片母版"中进行。

三、操作结果（图 3.16）

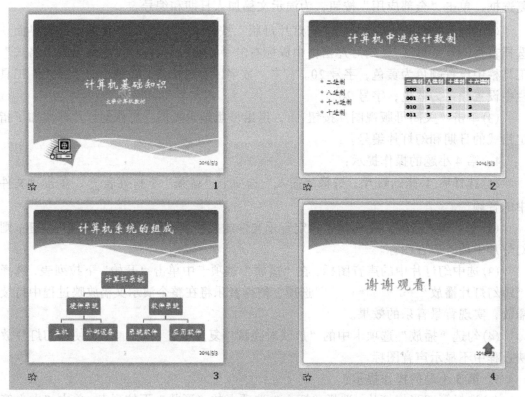

图 3.16 　演示文稿浏览视图

3.5　Internet 初步知识

实验一　Internet 操作综合训练一

一、操作提示

1. 第 1 小题的操作步骤：

（1）单击 Windows 桌面或任务栏上快速启动区的 图标，启动 IE 浏览器。

（2）在浏览器的地址栏中输入中文雅虎网站的 URL 地址 http://www.yahoo.com.cn，按 Enter 键。

（3）按 Ctrl+N 键，打开一个新的浏览器窗口，在新窗口的地址栏中输入百度地址 http://www.baidu.com，按 Enter 键，即可打开搜索引擎百度的网站。

2. 第 2 小题的操作步骤：

（1）在刚才打开的百度网站的搜索文本框中输入关键字"2014 年巴西世界杯"，然后单击"百度一下"按钮开始搜索，可以迅速看到搜索结果。

（2）在搜索到的结果条目中选择关于介绍 2014 年巴西世界杯简介、举办时间、举办原因、赛事特色、吉祥物等内容的链接，单击打开此链接。

(3)查看新窗口的页面内容，如果内容合适，则复制到新建的 Word 文档中。

(4)继续第(2)、(3)步操作，直接将所需内容都复制到 Word 文档中。

(5)整理该 Word 文档，对文档进行合理的排版和格式设置。将文档以文件名"学号_姓名_2014 年巴西世界杯.docx"保存到磁盘上。

3．第 3 小题的操作步骤：

(1)在百度网站的搜索文本框中重新输入关键字"桌面时钟 绿色版"，然后单击"搜索"按钮开始搜索，可以迅速看到搜索结果。

(2)在搜索到的结果条目中选择一个能够提供下载的目标链接，并确保该文件小于 2MB。如果不符合条件，可单击 IE 工具栏上的 ⇐(后退按钮)，返回上一个搜索页面，选择其他链接进行尝试。

(3)找到可以下载的小于 2MB 的绿色版桌面时钟程序后，单击其页面上的下载提示(通常是名为"下载"、"立即下载"、"单击下载"或相类似的链接或按钮)，如果正常则出现"文件下载"对话框。

(4)在文件下载对话框中选择"保存"选项，然后单击"确定"按钮，出现"另存为…"对话框，在该对话框中选择保存的目标地址，单击"保存"按钮，开始下载软件，等待直到完成。

二、应用技巧

1．打开 IE 浏览器有以下几种常用方法：单击 Windows 桌面上 图标；单击任务栏上快速启动区的 图标；菜单操作"开始→程序→Internet Explorer"；打开运行对话框("开始→运行…")，在对话框的"打开"文本框处直接输入网页的 URL 地址。

2．打开一个网页(站)最直接的方法就是在浏览器的地址栏中输入 URL 地址，然后按 Enter 键确定。

3．在一个浏览器窗口中可以用快捷键 Ctrl+N 打开新的窗口。

4．使用搜索引擎是互联网中重要的技术。互联网上有取之不尽的资源，要记住很多的网页地址难度很大。记住几个搜索引擎的地址，然后通过搜索的方法来获取资源，是最为简单快捷的方法。

5．对网页的保存有多种格式，全部保存(或 HTML 格式)将会尽可能完整地保存网页原样(包括文字、图形、动画、页面风格等)，而保存为文本文件则只保存网页中的文字内容。

6．下载是获取网上资源非常重要的操作，通常有以下两种方式：一是 Web 方式下载，其优点是直观，操作简便；缺点是速度慢，并且不支持断点续传(一旦连接下载中断，必须完全重新下载)；二是使用下载工具，如网际快车(FlashGet)、网络蚂蚁(NetAnts)等，其优点是速度快，支持断点续传(下载中断后，下一次可以从中断处继续下载)，但需要安装该程序。如果经常进行下载操作，不妨使用下载工具，可以大大提高效率。

实验二　Internet 操作综合训练二

一、操作提示

1．第 1 小题的操作步骤：

(1)启动 IE，在浏览器的地址栏中输入任一搜索引擎的 URL 地址（如：http://www.baidu.com），登录搜索引擎，在搜索的文本框中输入关键字"免费邮箱申请"，然后单击"搜索"按钮开始搜索，可以迅速看到搜索结果。

(2)在搜索到的结果条目中选择一个能够申请免费邮箱的站点链接，单击打开此链接（如 http://www.yahoo.com.cn）。

(3)单击关于"注册"提示的按钮（或链接）开始进行注册。

(4)注册用户通常有"服务条款"的确认（应选择"同意"）、注册用户名、密码设定以及生日、姓名、性别等注册信息，用户尽可能认真填写。最后，如无错误即注册成功。

2．第 2 小题的操作步骤：

(1)在浏览器的地址栏中输入自己的免费邮箱所在的 URL 地址（如在 http://www.yahoo.com.cn 申请的邮箱，登录页面的 URL 地址为 http://mail.cn.yahoo.com）。

(2)在邮箱登录处输入用户的用户名和密码，然后确定登录。

(3)进入邮箱后，可以看到有"收信"、"写信"、"垃圾箱"、"地址簿"等链接，单击"写信"键接可打开撰写邮件的界面。

(4)分别填写以下项目：

收件人：(任课教师指定的邮箱)

主　题：Internet 操作综合训练

内　容：

① 简述对 2014 年巴西世界杯的看法。

② 简述附件中"桌面时钟"小程序的使用方法。

③ 你所使用的计算机的 IP 地址、子网掩码、DNS 服务器地址。

(5)添加附件。操作如下：单击"附件"按钮，出现选择附件的界面；选择"浏览…"按钮，可打开"选择文件"对话框；选择要作为附件传送的文件，确定后返回选择附件界面；用此方法将另一个附件也传送上去；附件粘贴完成后，单击"完成"按钮。

(6)所有操作完成，单击"发送"按钮，如果无误可看到"邮件发送成功"的提示。

二、应用技巧

网上注册是互联网上常用操作，如 BBS 论坛、邮箱用户、社区登录等都可能用到，其中最主要的是用户名（或称"ID 号"、"账号"）和登录密码。如果选择的用户名已经被别人申请，则需更改，其余注册信息可以根据用户的实际填写。

3.6 计算机多媒体技术

实验一 音频处理

1. 第 1 小题，消除人声，制作伴奏音乐的操作提示：

(1)启动 Cool Edit Pro(以下简称为 Cool Edit)，确保当前为多轨界面(单击工具栏左侧第一个按钮，可在波形编辑界面及多轨界面之间切换)，在第 1 音轨空白处单击鼠标右键，从右键菜单中选择"插入→音频文件"，在显示的对话框中找到要消除人声的音频文件，该文件将以波形图显示在音轨 1 中。

注意：一定要把上面那个倒立的黄色三角形游标拖到音轨的最左侧，因为插入的音频文件起点将以该游标的位置为准。如果要录音，也是以游标的位置为起点的

(2)按空格键播放导入的音频文件。然后在音轨 1 的波形图上单击鼠标右键，从右键菜单中选择"调整音频块声相"，在打开的声相对话框中，先把滑钮拖到最左侧(即左声道音箱)试听一会儿，再把滑钮拖到最右侧(即右声道音箱)试听一会儿。如果这个音频是声道分离型的歌曲，其中有个声道是伴奏音乐，另一个声道是歌唱人声。我们需要的是伴奏乐，所以将滑钮拖到伴奏的一侧后，关掉该窗口返回 Cool Edit 主界面。再次按空格键可停止播放音乐。

(3)假如要处理的音频文件是声道混合型的歌曲(即左右声道的声音一模一样)，则需要对波形文件做如下的操作：

单击工具栏上波形编辑／多轨界面切换按钮 (或按 F12 键)，切换到波形编辑界面中。

在左、右声道交界处双击选中两个声道中的所有内容，再执行菜单"效果→波形振幅→声道重混缩"命令，在显示的对话框的预置模板中选 Vocal cut(去除人声)项，确定即可。

注意：这种方法虽然能消除大部分的人声，但是效果还不是十分理想。单声道的乐曲使用 Vocal Cut 的时候，会消掉所有声音。因此不适合使用该技术。

(4)对编辑完成的伴奏音乐可以进行进一步处理，例如增大音量、截取片段等。最后在"文件"菜单下选择"混缩另存为"命令，在弹出的窗口中输入文件名，并选择自己所需的文件格式，输出保存文件。

2. 第 2 小题，制作歌曲串烧的操作提示：

(1)启动 Cool Edit，导入需要串烧的歌曲。在"插入"菜单栏中选择"音频文件"，将要串烧的歌曲分别导入到不同的音轨中。

(2)选择每首歌中需要的经典片段。通过播放试听音乐，准确定位需要截取音乐的起始时间和结束时间，确定需要截取音乐片段的时间，删除音轨上多余的音乐，只保留需要修改的乐曲部分。

(3)截取音乐经典片段。将鼠标置于需要截取片段的起点位置，点击鼠标右键，在弹出的窗口中选择"分割"命令。同样的操作，在需要截取片段的终点位置使用分割

命令。这样，整个歌曲就分成三个部分。删除多余的音乐，将截取的音乐移动（选中，按住鼠标右键就可以自由移动）左端备用。

（4）利用不同音轨，按照步骤 3 的操作依次截取其他歌曲的经典片段，按先后顺序放好。

（5）添加淡入淡出效果，让音乐的转接自然。选取前一个音乐尾端的一部分波形，点击鼠标右键，在弹出的窗口中，选择"淡入淡出"中的一个效果，看个人喜好，自由选取；同样选取后一个音乐的起始部分的一段波形，点击鼠标右键，在弹出的窗口中，选择"淡入淡出"中的一个效果。

（6）最后在"文件"菜单下选择"混缩另存为"命令，在弹出的窗口中输入文件名，并选择自己所需的文件格式，输出保存文件。

实验二　视频处理

1. 第 1 小题，制作缓慢放大的字幕特效操作提示：

（1）启动"爱剪辑"，添加视频。可以通过打开视频文件所在文件夹，将视频文件直接拖曳到爱剪辑"视频"选项卡即可。也可以在软件主界面顶部点击"视频"选项卡，在视频列表下方点击"添加视频"按钮 ，或者双击面板下方"已添加片段"列表的文字提示处，即可快速添加视频。

（2）在"字幕特效"面板，双击视频预览框，在弹出的对话框输入字幕内容。

（3）选中要添加缓慢放大字幕特效的字幕，在"字幕特效"面板里对添加的字幕应用如下字幕特效：

出现特效：缓慢放大出现或缓慢放大出现（模糊）。

消失特效：缓慢放大消失或缓慢放大消失（模糊）。

将停留特效取消。点击"播放试试" 播放试试 可进行效果预览。

（4）设置更具个性的字体样式。

在字幕特效列表右侧"字体设置"栏目，可以对字幕字体、字号、颜色、透明度等进行个性化设置，并可在视频预览框中，通过拖拽字幕调整字幕位置，如需精确到逐个像素调整字幕位置，还可以使用上、下、左、右方向键。

（5）调整字幕特效的时间和速度。

在字幕特效列表右侧"特效参数"栏目，可以灵活设置字幕的"特效时长"，以此调整字幕特效的时间和速度。时间越短，字幕出现和消失就越快；时间越长，字幕出现和消失就越慢。

2. 第 2 小题，制作片头特效以及对片名、制作者进行修改操作提示：

（1）剪辑好作品后，在视频预览框右下角点击"导出视频"按钮 导出视频 ，在弹出的"导出设置"对话框中，在"片头特效"下拉列表中选择自己喜欢的特效。还可以在"爱剪辑"官网的"片头特效下载中心"下载其他的特效效果进行应用。

（2）设置片名、制作者。

在"导出设置"对话框中，除了可以一键应用片头特效，还可以设置片名、制作者，这样就会在特效片头上显示片名和制作者的信息了。

(3)其他参数设置。在"导出设置"对话框中还可以设置导出格式、导出尺寸、视频比特率、视频帧速度、音频采样率、音频比特率等参数信息。

实验三　动画制作

探照灯效果动画制作操作提示：

(1)启动 Flash CC。选择"文件"菜单下的"新建"命令，新建一个 ActionScript 3.0 文档(快捷键 Ctrl+N)，舞台颜色设置为黑色，根据需要设置舞台大小。

(2)导入图片。选择"文件"菜单下的"导入"命令，将一张图片导入到库中。选择屏幕右侧的"库"标签，将库中刚刚导入的图片拖入到场景 1 中。利用屏幕右侧工具箱中的"任意变形工具" ，改变图片的大小，移到合适的位置。也可以直接将选择"导入到舞台"，将图片直接导入到舞台。

(3)新建探照灯元件。选择"插入"菜单中的"新建元件"命令(快捷键 Ctrl+F8)，在弹出的对话框窗口设置"名称"为"探照灯"，"类型"为"影片剪辑"。将工具箱中的"笔触颜色" 和"填充颜色" 均设置为白色。然后选择"椭圆工具" 绘制一个圆形探照灯区域。

(4)设置遮罩层。单击场景按钮 返回场景中，在时间轴的图层 1 上单击右键，选择"插入图层"，新建一个图层 2。把探照灯元件拖到场景中，并移动到起始位置。在图层 2 上 单击右键，选择"遮罩层"。

(5)创建补间动画，移动遮罩元件。在图层 1 第 100 帧位置单击鼠标右键，选择"插入关键帧"，并在关键帧位置单击鼠标右键，选择"创建传统补间"，可以看到时间轴中图层 1 显示为 。在图层 2 第 100 帧位置上创建一个关键帧，将元件移动到目标位置，单击鼠标右键，选择"创建传统补间"，时间轴中的图层 2 显示为 。

(6)测试影片。选择"控制"菜单中的"测试"命令(快捷键 Ctrl+Enter)，可以看到影片的运行效果。

(7)输出影片。选择"文件"菜单中的"导出"下的"导出影片"命令，即可将影片导出为.swf格式保存。

第 4 章　理论习题集

4.1　计算机基础知识

4.1.1　单项选择题

1. 世界上第一台电子数字计算机研制成功的时间是_____。
   A. 1936 年　　　　　　　　　　B. 1946 年
   C. 1956 年　　　　　　　　　　D. 1975 年
2. 世界上第一台电子数字计算机取名为_____。
   A. UNIVAC　　　　　　　　　　B. EDSAC
   C. ENIAC　　　　　　　　　　D. EDVAC
3. 从第一台计算机诞生到现在的 60 多年中，按计算机采用的电子器件来划分，计算机的发展经历了_____。
   A. 4 个阶段　　　　　　　　　　B. 6 个阶段
   C. 7 个阶段　　　　　　　　　　D. 3 个阶段
4. 第一代至第四代计算机使用的基本元器件分别是_____。
   A. 晶体管、电子管、中小规模集成电路、大规模集成电路
   B. 晶体管、电子管、大规模集成电路、超大规模集成电路
   C. 电子管、晶体管、中小规模集成电路、大规模集成电路
   D. 电子管、晶体管、大规模集成电路、超大规模集成电路
5. 采用中小规模集成电路的计算机属于_____。
   A. 第一代计算机　　　　　　　　B. 第二代计算机
   C. 第三代计算机　　　　　　　　D. 第四代计算机
6. 第四代计算机的逻辑器件，采用的是_____。
   A. 中、小规模集成电路　　　　　B. 大规模、超大规模集成电路
   C. 晶体管　　　　　　　　　　　D. 微处理器集成电路
7. 目前制造计算机所采用的电子器件是_____。
   A. 晶体管　　　　　　　　　　　B. 超导体
   C. 中小规模集成电路　　　　　　D. 超大规模集成电路
8. 微型计算机中所采用的逻辑元件是_____。
   A. 小规模集成电路　　　　　　　B. 电子管
   C. 大规模和超大规模集成电路　　D. 晶体管

9. 以下关于计算机特点的论述中，错误的是_____。
   A. 运算速度快、精度高
   B. 具有记忆功能
   C. 能进行精确的逻辑判断
   D. 无需软件即可实现模糊处理和逻辑推理

10. 电子数字计算机工作最重要的特征是_____。
    A. 高速度
    B. 高精度
    C. 存储程序自动控制
    D. 记忆力强

11. 在计算机运行时，把程序和程序运行所需要的数据或程序运行产生的数据同时存放在内存中，这种程序运行方式是 1946 年由_____所领导的研究小组正式提出并论证的。
    A. 图灵
    B. 布尔
    C. 冯·诺依曼
    D. 爱因斯坦

12. 在下列 4 条叙述中，正确的一条是_____。
    A. 最先提出存储程序思想的人是英国科学家艾伦·图灵
    B. ENIAC 计算机采用的电子器件是晶体管
    C. 在第二代计算机期间出现了操作系统
    D. 第二代计算机采用的电子器件是集成电路

13. 现代计算机之所以能自动地连续进行数据处理，主要是因为_____。
    A. 采用了开关电路
    B. 采用了半导体器件
    C. 采用了二进制
    D. 具有存储程序的功能

14. 下列关于"计算机的特点"的论述中错误的是_____。
    A. 运算速度快，精度高
    B. 能按事先编制好的程序自动地、连续地执行，不需要人工干预
    C. 不能进行逻辑判断
    D. 具有记忆能力

15. 计算机发展阶段的划分是以_____作为标志。
    A. 程序设计语言
    B. 逻辑元件
    C. 存储器
    D. 运算速度

16. 冯·诺依曼指出计算机的基本工作原理是_____。
    A. 采用二进制表示信息
    B. 计算机的硬件由五大部分组成
    C. 采用"存储程序"的工作方式
    D. 以上说法都对

17. 电子计算机与过去的计算工具相比，所具有的特点是_____。
    A. 具有逻辑判断能力，所以说计算机已经具有人脑的全部功能
    B. 具有记忆功能，能够储存大量信息，可方便用户检索和查询
    C. 能够按照程序自动进行运算，完全可以取代人的脑力劳动
    D. 以上说法都对

18. 计算机辅助教学的英文缩写是_____。
    A. CAI
    B. CAD

C. CAM　　　　　　　　　　　D. CAT

19. 计算机辅助设计的英文缩写是_____。
    A. CAI　　　　　　　　　　　B. CAD
    C. CAM　　　　　　　　　　　D. CAT

20. CAT 是计算机_____的缩写。
    A. 辅助设计　　　　　　　　　B. 辅助教学
    C. 辅助测试　　　　　　　　　D. 辅助制造

21. CAM 是计算机_____的缩写。
    A. 辅助制造　　　　　　　　　B. 辅助测试
    C. 辅助设计　　　　　　　　　D. 辅助教学

22. 办公自动化（OA）是计算机的一项应用，按计算机应用的分类，它属于_____。
    A. 数据处理　　　　　　　　　B. 科学计算
    C. 实时控制　　　　　　　　　D. 辅助设计

23. 人工智能的应用领域之一是_____。
    A. 专家系统　　　　　　　　　B. 计算机辅助设计
    C. 办公自动化　　　　　　　　D. 计算机网络

24. 当前计算机应用最广泛的领域是_____。
    A. 科学计算　　　　　　　　　B. 自动控制
    C. 人工智能　　　　　　　　　D. 数据处理

25. MIS 的意思是_____。
    A. 管理教学系统　　　　　　　B. 管理信息系统
    C. 人工智能系统　　　　　　　D. 人工信息系统

26. 个人计算机属于_____。
    A. 工作站　　　　　　　　　　B. 微型计算机
    C. 小型计算机　　　　　　　　D. 中型计算机

27. 按用途可把计算机分为通用型计算机和_____。
    A. 台式计算机　　　　　　　　B. 柜式计算机
    C. 微型计算机　　　　　　　　D. 专用型计算机

28. 计算机发展的方向中的"巨型化"是指_____。
    A. 体积大　　　　　　　　　　B. 重量重
    C. 外部设备更多　　　　　　　D. 功能更强、运算速度更高、存储容量更大

29. R 进制数可以选用的数码个数为_____个。
    A. R-1　　　　　　　　　　　B. R+1
    C. R　　　　　　　　　　　　D. 10

30. 与十进制数 97 等值的二进制数是_____。
    A. 1011111　　　　　　　　　B. 1100001

C. 110111　　　　　　　　　　D. 1100011

31. 与十六进制数 BE 等值的十进制数是_____。

  A. 189　　　　　　　　　　B. 190

  C. 191　　　　　　　　　　D. 192

32. 与二进制数 101101 等值的十六进制数是_____。

  A. 2A　　　　　　　　　　B. 2B

  C. 2C　　　　　　　　　　D. 2D

33. 二进制数 1110111 转换成十进制数是_____。

  A. 116　　　　　　　　　　B. 117

  C. 118　　　　　　　　　　D. 119

34. 八进制数 257 转换成十六进制数是_____。

  A. AE　　　　　　　　　　B. B0

  C. AF　　　　　　　　　　D. B1

35. 下列 4 个不同进制的数中，其值最小的是_____。

  A. $(52)_8$　　　　　　　　B. $(2B)_{16}$

  C. $(44)_{10}$　　　　　　　D. $(1001001)_2$

36. 二进制数 01100111 转换成十六进制数是_____。

  A. 67　　　　　　　　　　B. 66

  C. 313　　　　　　　　　　D. 147

37. 下列 4 个数中，最大的一个是_____。

  A. $(11011011)_2$　　　　B. $(167)_{10}$

  C. $(237)_8$　　　　　　　D. $(AB)_{16}$

38. 与十进制数 509 等值的二进制数是_____。

  A. 111111111　　　　　　B. 100000000

  C. 111111101　　　　　　D. 111111110

39. 十进制数 64 转换为二进制数为_____。

  A. 1100000　　　　　　　B. 1000001

  C. 1000000　　　　　　　D. 1000010

40. 下面几个不同进制的数中，最大的是_____。

  A. $(1011)_{16}$　　　　　　B. $(1011)_{10}$

  C. $(1011)_8$　　　　　　　D. $(1011)_2$

41. 八进制数 413 转换成十进制数是_____。

  A. 324　　　　　　　　　　B. 267

  C. 299　　　　　　　　　　D. 265

42. 十进制数 89 转换成十六进制数是_____。

  A. 95　　　　　　　　　　B. 59

  C. 50　　　　　　　　　　D. 89

43. 十进制数 124 转换成二进制数是_____。
    A. 1111010　　　　　　　　B. 1111100
    C. 1011111　　　　　　　　D. 1111011

44. 二进制数 111010011 转换成十六进制数是_____。
    A. 323　　　　　　　　　　B. 1D3
    C. 133　　　　　　　　　　D. 3D1

45. 有一个数值 152，它与十六进制数 6A 相等，那么该数值是_____。
    A. 十进制数　　　　　　　　B. 二进制数
    C. 四进制数　　　　　　　　D. 八进制数

46. 十进制数 255 转换为八进制数是_____。
    A. 357　　　　　　　　　　B. 367
    C. 377　　　　　　　　　　D. 407

47. 十六进制数 1AF 转换为八进制数是_____。
    A. 657　　　　　　　　　　B. 567
    C. 887　　　　　　　　　　D. 697

48. 十进制数 127 转换为十六进制数是_____。
    A. 177　　　　　　　　　　B. 77
    C. 7F　　　　　　　　　　　D. FF

49. 八进制数 56 转换为十六进制数是_____。
    A. 56　　　　　　　　　　　B. 2E
    C. 1F　　　　　　　　　　　D. 36

50. 在计算机内，信息是以_____形式存储的。
    A. ASCII 码　　　　　　　　B. 二进制码
    C. 拼音码　　　　　　　　　D. 汉字内码

51. 计算机中表示信息的最小单位是_____。
    A. b　　　　　　　　　　　B. B
    C. w　　　　　　　　　　　D. K

52. 计算机中存储信息的最小单位是_____。
    A. b　　　　　　　　　　　B. B
    C. w　　　　　　　　　　　D. K

53. 在计算机中，一个字节由_____个二进制位构成。
    A. 2　　　　　　　　　　　B. 4
    C. 8　　　　　　　　　　　D. 16

54. 微机的常规内存容量为 640KB，这里的 1KB 为_____。
    A. 1000 位　　　　　　　　B. 1024 位
    C. 1000 字节　　　　　　　D. 1024 字节

55. 在一张存储容量为 1.44MB 的软盘中可以存储大约 140 万个_____。

A.　ASCII 字符　　　　　　　　　B.　中文字符

C.　磁盘文件　　　　　　　　　　D.　子目录

56.　在下列 4 条叙述中，正确的一条是_____。

A.　计算机中所有的信息都是以二进制形式存放的

B.　256 KB 等于 256000 字节

C.　2 MB 等于 2000000 字节

D.　1MB 等于 1024 字节

57.　通常以 KB 或 MB 或 GB 为单位来反映存储器的容量。所谓容量指的是存储器中所包含的字节数。1 KB 等于_____。

A.　1000 字节　　　　　　　　　　B.　1048 字节

C.　1024 字节　　　　　　　　　　D.　1056 字节

58.　在计算机软件系统中，衡量文件大小的单位是_____。

A.　二进制位　　　　　　　　　　B.　字节

C.　字　　　　　　　　　　　　　D.　汉字数

59.　一个 16 位机，则它的一个字节的长度是_____。

A.　8 个二进制位　　　　　　　　B.　16 个二进制位

C.　2 个二进制位　　　　　　　　D.　不定长

60.　某台微机的硬盘容量为 40GB，其中 1GB 表示_____。

A.　1000KB　　　　　　　　　　　B.　1024KB

C.　1000MB　　　　　　　　　　　D.　1024MB

61.　一个字节所能表示的无符号整数的范围是_____。

A.　0 ~ 127　　　　　　　　　　　B.　0 ~ 255

C.　0 ~ 512　　　　　　　　　　　D.　0 ~ 65535

62.　在下面关于计算机基本概念的说法中，正确的是_____。

A.　1GB=1024KB　　　　　　　　B.　计算机内存容量的基本计量单位是字符

C.　1TB=1024GB　　　　　　　　D.　二进制数中右起第 10 位上的 1 相当于 21

63.　计算机的存储器记忆信息的最小单位是_____。

A.　bit　　　　　　　　　　　　　B.　Byte

C.　ASCII　　　　　　　　　　　 D.　KB

64.　一个比特(bit)是由_____个二进制组成。

A.　4　　　　　　　　　　　　　　B.　8

C.　1　　　　　　　　　　　　　　D.　32

65.　在计算机系统中存储信息是以_____作为存储单位的。

A.　字节　　　　　　　　　　　　B.　16 个二进制位

C.　字　　　　　　　　　　　　　D.　字符

66.　一个字可以用来存放一条指令或一个数据，不同档次的计算机系统内的字长是_____。

A. 相同的

    B. 存储指令的字长是相同的，存储数据的字长是不相同的

    C. 不同的

    D. 部分相同的

67. 1KB 等于_____个字节。

    A. 2 的 10 次方   B. 1000

    C. 10 的 2 次方   D. 1024 个 Bit

68. "32 位微机" 中的 32 指的是_____。

    A. 存储单位   B. 内存容量

    C. CPU 型号   D. 机器字长

69. 一台计算机的字长 4 个字节，它意味着该计算机_____。

    A. 能处理的数据最大是 4 位十进制数

    B. 能处理的数据最大是 32 位二进制数

    C. 在 CPU 中作为一个整体传输处理的二进制代码是 32 位

    D. 在 CPU 中作为一个整体传输处理的十进制代码是 4 位

70. 下列 4 个无符号十进制整数中，能用 8 个二进制位表示的是_____。

    A. 257   B. 119

    C. 320   D. 292

71. "美国信息交换标准代码" 的简称是_____。

    A. EBCDIC   B. ASCII

    C. GB2312-80   D. BCD

72. 英文大小写字母 A 和 a 的 ASCII 码相比较是_____。

    A. A 比 a 大   B. A 比 a 小

    C. A 与 a 相等   D. 无法比较

73. 标准 ASCII 码在机器中的表示方法准确描述应是_____。

    A. 使用 8 位二进制编码，最右边一位为 1

    B. 使用 8 位二进制编码，最左边一位为 1

    C. 使用 8 位二进制编码，最右边一位为 0

    D. 使用 8 位二进制编码，最左边一位为 0

74. 标准的 ASCII 码可以表示_____个字符。

    A. 127   B. 128

    C. 126   D. 152

75. 在计算机中，使用最普遍的字符编码是_____。

    A. 汉字机内码   B. BCD 码

    C. 王码   D. ASCII

76. 数字字符 "1" 的 ASCII 码的十进制表示为 49，那么数字字符 "5" 的 ASCII 码的十进制表示为_____。

A. 53　　　　　　　　　　　B. 51

C. 55　　　　　　　　　　　D. 57

77. 按对应的 ASCII 码值来比较_____。

　　A. "A" 比 "B" 大　　　　　　B. "f" 比 "H" 大

　　C. "X" 比 "Z" 大　　　　　　D. 空格比逗号大

78. 已知英文小写字母 a 的 ASCII 代码值是十六进制数 61H，那么小写字母 d 的 ASCII 代码值是_____。

　　A. 34H　　　　　　　　　　B. 54H

　　C. 64H　　　　　　　　　　D. 24H

79. 下列字符中，其 ASCII 码值最大的是_____。

　　A. 9　　　　　　　　　　　B. D

　　C. a　　　　　　　　　　　D. k

80. 通常我们所说的 32 位机，指的是这种计算机的 CPU _____。

　　A. 是由 32 个运算器组成的　　B. 能够同时处理 32 位二进制数据

　　C. 包含有 32 个寄存器库　　　D. 一共有 32 个运算器和控制器

81. 在计算机中中文字符编码采用的是_____。

　　A. 拼音码　　　　　　　　　B. 国标码

　　C. ASCII 码　　　　　　　　D. BCD 码

82. GB2312—1980 编码收录了_____个汉字及字符。

　　A. 3755　　　　　　　　　　B. 3008

　　C. 6763　　　　　　　　　　D. 7445

83. 在我国 1980 年公布的《信息交换用汉字编码字符集·基本集》(即通常所说的国标码集)GB2312—1980 中，将汉字分为_____。

　　A. 一级　　　　　　　　　　B. 二级

　　C. 三级　　　　　　　　　　D. 四级

84. 汉字内码在机器中的表示方法准确描述应是_____。

　　A. 使用 2 个字节进行编码，每个字节最右边一位为 1

　　B. 使用 2 个字节进行编码，每个字节最左边一位为 1

　　C. 使用 2 个字节进行编码，每个字节最右边一位为 0

　　D. 使用 2 个字节进行编码，每个字节最左边一位为 0

85. 在微机汉字系统中，一个汉字的机内码占的字节数是_____。

　　A. 1　　　　　B. 2　　　　　C. 4　　　　　D. 8

86. 汉字的两种编码是_____。

　　A. 国标码和机内码　　　　　B. 简体字和繁体字

　　C. ASCII 和 EPCDIC　　　　D. 二进制和八进制

87. 在 DOS 下的汉字系统(如 UCDOS)中编辑的汉字文本，在中文版 Windows 中同样可以显示和编辑，这是由汉字_____的唯一性决定的。

A. 内码　　　　　　　　　　　　B. 外码

C. 全拼码　　　　　　　　　　　D. ASCII 码

88. 按汉字国标码的顺序来比较，正确的是_____。

A. "保"比"李"大　　　　　　　B. "刘"比"张"大

C. "大"比"小"大　　　　　　　D. "声"比"光"大

89. 在下列输入法中，属于纯形码方式的是_____。

A. 自然码　　　　　　　　　　　B. 区位码

C. 五笔字型　　　　　　　　　　D. 智能拼音

90. 当用全拼汉字输入法输入汉字时，汉字的编码必须用_____。

A. 小写英文字母　　　　　　　　B. 大写英文字母

C. 大小写英文字母混合　　　　　D. 数字或字母

91. 汉字的字模可用点阵信息来表示，利用点阵信息来表征汉字结构的字库称为汉字的点阵字库。在点阵字库中，存储汉字点阵中的一个点使用_____。

A. 一个字节　　　　　　　　　　B. 二个字节

C. 二进制中一位　　　　　　　　D. 一个字

92. 如果按 7×9 点阵字模占用 8 个字节计算，则 7×9 的全部英文字母构成的字库共需占用磁盘空间_____字节。

A. 208　　　　　　　　　　　　B. 200

C. 416　　　　　　　　　　　　D. 400

93. 采用双色(黑白)汉字点阵表示汉字的字库中，一个 32×32 点阵的汉字字模需要用_____表示。

A. 32　　　　　　　　　　　　　B. 64

C. 128　　　　　　　　　　　　D. 256

94. 在 16×16 点阵汉字字库中，存储 20 个汉字的字模信息共需要_____。

A. 64 个字节　　　　　　　　　　B. 640 个字节

C. 128 个字节　　　　　　　　　D. 320 个字节

95. 一个完整的计算机系统由_____组成。

A. 主机及外部设备　　　　　　　B. 主机、键盘、显示器和打印机

C. 系统软件和应用软件　　　　　D. 硬件系统和软件系统

96. 微机的硬件系统是由_____。

A. 内存、外存和输入输出设备组成

B. CPU 和输入输出设备组成

C. 主机和外设组成

D. 主机、键盘、鼠标和显示器组成

97. 计算机的主机是由_____。

A. 运算器和存储器组成　　　　　B. CPU 和内存组成

C. CPU、存储器和显示器组成　　D. CPU、软盘和硬盘组成

98. 对微型计算机进行分类的依据是_____。
    A. 内存储器的容量　　　　　　B. CPU 芯片型号
    C. 设计生产的厂家　　　　　　D. 采用的元器件类型

99. 微型计算机的运算器、控制器和内存储器三部分总称为_____。
    A. 主机　　　　　　　　　　　B. MPC
    C. CPU　　　　　　　　　　　D. ALU

100. 微型计算机硬件系统中最核心的部件是_____。
    A. 显示器　　　　　　　　　　B. UPS
    C. CPU　　　　　　　　　　　D. 存储器

101. CPU 是_____的英文缩写。
    A. 主机　　　　　　　　　　　B. 中央处理器
    C. 计算机的品牌　　　　　　　D. 计算机的档次

102. CPU 中的运算器的主要功能是_____。
    A. 负责读取并分析指令　　　　B. 算术运算和逻辑运算
    C. 指挥和控制计算机的运行　　D. 存放运算结果

103. CPU 中的控制器的功能是_____。
    A. 进行逻辑运算　　　　　　　B. 进行算术运算
    C. 控制运算的速度　　　　　　D. 分析指令并发出相应的控制信号

104. 以下外设中，既可作为输入设备又可作为输出设备的是_____。
    A. 键盘　　　　　　　　　　　B. 显示器
    C. 打印机　　　　　　　　　　D. 磁盘驱动器

105. CPU 能直接访问的存储器是_____。
    A. 内存储器　　　　　　　　　B. 外存储器
    C. 内、外存储器　　　　　　　D. 磁盘存储器

106. 下列叙述中，正确的说法是_____。
    A. 键盘、鼠标、光笔、数字化仪和扫描仪都是输入设备
    B. 打印机、显示器、数字化仪都是输出设备
    C. 显示器、扫描仪、打印机都不是输入设备
    D. 键盘、鼠标和绘图仪都不是输出设备

107. 在计算机硬件系统中，BUS 的含义是_____。
    A. 公共汽车　　　　　　　　　B. 网络传输
    C. 总线　　　　　　　　　　　D. 主机

108. 微机系统的总线通常由三部分组成，它们是_____。
    A. 地址总线、运算总线和逻辑总线
    B. 传输总线、运算总线和通信总线
    C. 地址总线、数据总线和控制总线
    D. 数据总线、运算总线和信号总线

109. 计算机的存储系统通常包括_____。
     A. 内存储器和外存储器　　　　B. 软盘和硬盘
     C. ROM 和 RAM　　　　　　　D. 内存和硬盘

110. 计算机的内存储器简称内存，它的组成是_____。
     A. 随机存储器和软盘　　　　　B. 随机存储器和只读存储器
     C. 只读存储器和控制器　　　　D. 软盘和硬盘

111. 在下列设备中，不是存储设备为_____。
     A. 硬盘驱动器　　　　　　　　B. 磁带机
     C. 打印机　　　　　　　　　　D. 软盘驱动器

112. 在下列媒体中，不属于存储媒体的是_____。
     A. 硬盘　　　　B. 键盘　　　　C. 软盘　　　　D. 磁带

113. 在下列 4 条叙述中，错误的一条是_____。
     A. 内存是主机的组成部分
     B. 各种类型的计算机，其机器指令系统都是相同的
     C. CPU 由运算器和控制器组成
     D. 16 位微型机的含义是，这种机器能同时处理 16 位二进制数

114. 32 位微机中的 32 指的是_____。
     A. 存储单位　　　　　　　　　B. 内存容量
     C. CPU 型号　　　　　　　　　D. 机器字长

115. 下列叙述中，正确的是_____。
     A. CPU 可以直接访问外存
     B. 在微机系统中，应用最普遍的字符编码是 ASCII 码
     C. 裸机是指没有配置任何外部设备的主机
     D. 显示器既是输入设备又是输出设备

116. 下列叙述中，正确的说法是_____。
     A. 软盘、硬盘和光盘都是外存储器
     B. 计算机的外存储器比内存储器存取速度快
     C. 计算机系统中的任何存储器在断电的情况下，所存信息都不会丢失
     D. 绘图仪、鼠标、显示器和光笔都是输入设备

117. 在下列 4 条叙述中，正确的一条是_____。
     A. 鼠标既是输入设备又是输出设备
     B. 激光打印机是一种击打式打印机
     C. 用户可对 CD-ROM 光盘进行读写操作
     D. 在微机中，访问速度最快的存储器是内存

118. 计算机的内存容量通常是指_____。
     A. RAM 的容量　　　　　　　　B. RAM 与 ROM 的容量总和
     C. 软盘与硬盘的容量总和　　　D. RAM、ROM、软盘与硬盘的容量总和

119. 在计算机系统中，衡量内存大小的单位是_____。
    A. 二进制位   B. 字节
    C. 字   D. 汉字数量

120. 计算机在工作时突然断电，则存储在磁盘上的信息_____。
    A. 不会丢失   B. 遭到破坏
    C. 完全丢失   D. 局部丢失

121. 断电会使存储数据丢失的存储器是_____。
    A. ROM   B. RAM
    C. 软盘   D. 硬盘

122. 随机存储器简称为_____。
    A. CMOS   B. RAM
    C. XMS   D. ROM

123. ROM 是_____。
    A. 只读存储器   B. 随机存储器
    C. 外存储器   D. 高速缓冲存储器

124. DRAM 存储器是_____。
    A. 动态只读存储器   B. 动态随机存储器
    C. 静态只读存储器   D. 静态随机存储器

125. 计算机中访问速度最快的存储器是_____。
    A. RAM   B. Cache
    C. 光盘   D. 硬盘

126. 把内存中的数据传送到计算机的硬盘被称为_____。
    A. 显示   B. 读盘
    C. 输入   D. 写盘

127. 在下列存储器中，存取速度最快的是_____。
    A. 软盘   B. 光盘
    C. 硬盘   D. 内存

128. 当磁盘处于写保护状态时，磁盘中的数据_____。
    A. 不能读出，不能删改，也不能写入新数据
    B. 可以读出，可以删改，但不能写入新数据
    C. 可以读出，不能删改，但可以写入新数据
    D. 可以读出，不能删改，也不能写入新数据

129. CD-ROM 是一种大容量的外部存储设备，其特点是_____。
    A. 只能写不能读   B. 既能读也能写
    C. 处理速度低于软盘   D. 只能读不能写

130. 如果将 3.5 英寸软盘上的写保护口（一个方形孔）敞开时，该软盘处于_____。

A. 读保护状态　　　　　　　　B. 写保护状态

C. 读写保护状态　　　　　　　D. 盘片不能转动

131. 双面高密度 3.5 英寸软盘的存储容量为_____。

A. 1.44MB　　　　　　　　　　B. 1.2 MB

C. 720KB　　　　　　　　　　D. 360KB

132. 在微机中，通常所说的 80486 指的是_____。

A. 新产品型号　　　　　　　　B. 主频

C. 微机系统名称　　　　　　　D. 中央处理器型号

133. 在微机中，P4/3.6GHz 中的 3.6GHz 指的是_____。

A. 新产品型号　　　　　　　　B. 主频

C. 微机系统名称　　　　　　　D. 中央处理器型号

134. 下列说法正确的是_____。

A. 计算机体积越大，其功能越强

B. 在微机性能指标中，CPU 的主频越高，其运算速度越快

C. 两个显示器屏幕大小相同，则它们的分辨率必定相同

D. 点阵打印机的针数越多，则能打印的汉字字体就越多

135. 在微机上运行程序时，发现内存容量不够，应采取的办法是_____。

A. 将软盘换成大容量的硬盘　　B. 将低密度软盘换成高密度软盘

C. 将硬盘换成光盘　　　　　　D. 增加内存条

136. 硬盘工作时，应注意避免_____。

A. 光线直射　　　　　　　　　B. 强烈震动

C. 潮湿　　　　　　　　　　　D. 噪声

137. 影响磁盘存储容量的因素是_____。

A. 磁盘面数　　　　　　　　　B. 磁道道数

C. 扇区数目　　　　　　　　　D. 以上都是

138. 软盘磁道的编号是_____依次由小到大进行编号的。

A. 从两边向中间　　　　　　　B. 从中间向两边

C. 从外向内　　　　　　　　　D. 从内向外

139. 下列设备中，只能用作输出设备的是_____。

A. 硬盘　　　　　　　　　　　B. 软盘

C. 鼠标器　　　　　　　　　　D. 打印机

140. 具有多媒体功能的微型计算机系统，常用 CD-ROM 作为外存储器，它是_____。

A. 只读存储器　　　　　　　　B. 只读光盘

C. 只读硬盘　　　　　　　　　D. 只读大容量软盘

141. 光驱的倍数越大，_____。

A. 纠错能力越强　　　　　　　B. 播放 VCD 效果越好

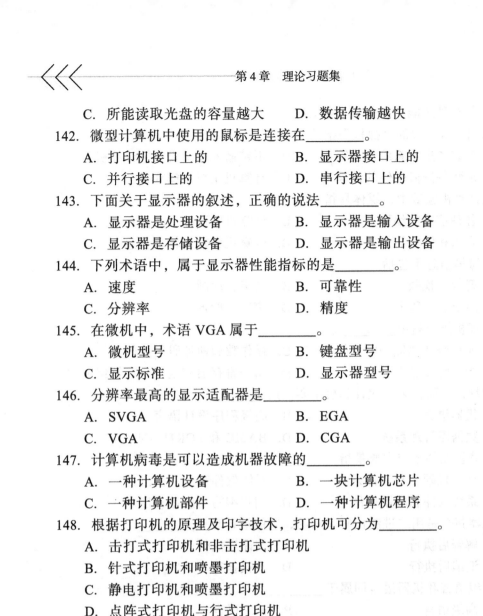

C.　所能读取光盘的容量越大　　　D.　数据传输越快

142.　微型计算机中使用的鼠标是连接在_____。

　　A.　打印机接口上的　　　　　　B.　显示器接口上的

　　C.　并行接口上的　　　　　　　D.　串行接口上的

143.　下面关于显示器的叙述，正确的说法_____。

　　A.　显示器是处理设备　　　　　B.　显示器是输入设备

　　C.　显示器是存储设备　　　　　D.　显示器是输出设备

144.　下列术语中，属于显示器性能指标的是_____。

　　A.　速度　　　　　　　　　　　B.　可靠性

　　C.　分辨率　　　　　　　　　　D.　精度

145.　在微机中，术语 VGA 属于_____。

　　A.　微机型号　　　　　　　　　B.　键盘型号

　　C.　显示标准　　　　　　　　　D.　显示器型号

146.　分辨率最高的显示适配器是_____。

　　A.　SVGA　　　　　　　　　　　B.　EGA

　　C.　VGA　　　　　　　　　　　　D.　CGA

147.　计算机病毒是可以造成机器故障的_____。

　　A.　一种计算机设备　　　　　　B.　一块计算机芯片

　　C.　一种计算机部件　　　　　　D.　一种计算机程序

148.　根据打印机的原理及印字技术，打印机可分为_____。

　　A.　击打式打印机和非击打式打印机

　　B.　针式打印机和喷墨打印机

　　C.　静电打印机和喷墨打印机

　　D.　点阵式打印机与行式打印机

149.　扫描仪属于计算机的_____。

　　A.　显示设备　　　　　　　　　B.　通信设备

　　C.　输入设备　　　　　　　　　D.　输出设备

150.　使用 Pentium/200 芯片的微机，其 CPU 的时钟频率为_____。

　　A.　200MHz　　　　　　　　　　B.　200Hz

　　C.　200MB　　　　　　　　　　　D.　200KB

151.　MIPS 是用来衡量计算机性能指标的_____。

　　A.　存储容量　　　　　　　　　B.　运算速度

　　C.　时钟频率　　　　　　　　　D.　可靠性

152.　衡量计算机运算速度的一个常用单位是 MIPS，其含义是_____。

　　A.　执行一个标准测试程序所用的时间(秒)

　　B.　执行一个标准测试指令所用的时间(秒)

　　C.　每秒钟所能执行的指令数(百万条)

D. 每毫秒所能执行的指令数（条）

153. 我们通常所说的"裸机"指的是_____。
   A. 只装备操作系统的计算机　　B. 不带输入输出设备的计算机
   C. 未装备任何软件的计算机　　D. 计算机主机暴露在外

154. 在计算机领域中，媒体是指_____。
   A. 各种信息的编码　　　　　　B. 计算机屏幕显示的信息
   C. 表示和传输信息的载体　　　D. 计算机的输入输出信息

155. 多媒体信息不包括_____。
   A. 音频、视频　　　　　　　　B. 文字、动画
   C. 声卡、解压卡　　　　　　　D. 声音、图形

156. 计算机指令是由_____。
   A. 操作码和地址码组成的　　　B. 操作数和地址码组成的
   C. 指令码和操作码组成的　　　D. 指令寄存器和地址寄存器组成的

157. 在软件方面，第一代计算机主要使用_____。
   A. 机器语言　　　　　　　　　B. 高级程序设计语言
   C. 数据库管理系统　　　　　　D. BASIC 和 FORTRAN

158. 计算机软件系统主要是指_____。
   A. 计算机硬件和软件系统　　　B. 系统软件和计算机语言
   C. 系统软件和应用软件　　　　D. 用户编写的应用程序

159. 机器指令是用二进制代码表示的，它能被计算机_____。
   A. 解释后执行　　　　　　　　B. 编译后执行
   C. 汇编后执行　　　　　　　　D. 直接执行

160. 汇编语言和机器语言同属于_____。
   A. 高级语言　　　　　　　　　B. 低级语言
   C. 编辑语言　　　　　　　　　D. 二进制代码

161. 能被计算机直接接受的语言是_____。
   A. 机器语言　　　　　　　　　B. BASIC 语言
   C. 汇编语言　　　　　　　　　D. C 语言

162. 以下答案中不属于高级语言的是_____。
   A. FORTRAN 语言　　　　　　B. BAISC 语言
   C. ASM 语言　　　　　　　　　D. Pascal 语言

163. _____属于面向对象的程序设计语言。
   A. C　　　　　　　　　　　　 B. FORTRAN
   C. Pascal　　　　　　　　　　 D. Java

164. 把用高级语言编写的源程序变为目标程序，要经过_____。
   A. 编辑　　　　　　　　　　　B. 编译
   C. 汇编　　　　　　　　　　　D. 解释

165. 解释程序的功能是_____。

　　A. 将汇编语言程序转换为目标程序

　　B. 将高级语言程序转换为目标程序

　　C. 解释执行高级语言程序

　　D. 解释执行汇编语言程序

166. 下列叙述中，正确的说法是_____。

　　A. 编译程序、解释程序和汇编程序不是系统软件

　　B. 故障诊断程序、排错程序、人事管理系统属于应用软件

　　C. 操作系统、财务管理程序、系统服务程序都不是应用软件

　　D. 操作系统和各种程序设计语言的处理程序都是系统软件

167. 用高级语言编写的程序_____。

　　A. 只能在某种计算机上运行　　B. 无需编译或解释，即可被计算机直接执行

　　C. 具有通用性和可移植性　　　D. 几乎不占用内存空间

168. 微机的诊断程序属于_____。

　　A. 系统软件　　　　　　　　　B. 应用软件

　　C. 编辑软件　　　　　　　　　D. 管理软件

169. 微型计算机中使用的数据库属于_____。

　　A. 科学计算方面的计算机应用　B. 过程控制方面的计算机应用

　　C. 数据处理方面的计算机应用　D. 辅助设计方面的计算机应用

170. Word 字处理软件属于_____。

　　A. 系统软件　　　　　　　　　B. 应用软件

　　C. 管理软件　　　　　　　　　D. 多媒体软件

171. 下列两个软件均属于系统软件的是_____。

　　A. UCDOS 和 WPS　　　　　　B. DOS 和 Windows

　　C. WPS 和 Word　　　　　　　D. Windows 和 Excel

172. 用户平常使用的工资管理软件属于_____。

　　A. 报表处理软件　　　　　　　B. 工具软件

　　C. 系统软件　　　　　　　　　D. 应用软件

173. 操作系统属于_____。

　　A. 应用软件　　　　　　　　　B. 工具软件

　　C. 实用软件　　　　　　　　　D. 系统软件

174. 操作系统的功能是_____。

　　A. 处理器管理，存储器管理，设备管理，文件管理

　　B. 运算器管理，控制器管理，打印机管理，磁盘管理

　　C. 硬盘管理，控制器管理，存储器管理，文件管理

　　D. 程序管理，文件管理，编译管理，设备管理

175. 下面关于操作系统的叙述中正确的一条是_____。

A. 操作系统是软件和硬件的接口

B. 操作系统是源程序和目标程序的接口

C. 操作系统是用户和计算机之间的接口

D. 操作系统是主机和外设之间的接口

176. 下列 4 条叙述中，正确的一条是_____。

A. 操作系统是一种重要的应用软件

B. 外存中的信息可直接被 CPU 处理

C. 用机器语言编写的程序可以由计算机直接执行

D. 电源关闭后，ROM 中的信息立即丢失

177. 可以造成机器故障的计算机病毒是_____。

A. 一种计算机设备　　　　　　　B. 一块计算机芯片

C. 一种计算机部件　　　　　　　D. 一种计算机程序

178. 下列 4 条关于计算机基础知识的叙述中，正确的一条是_____。

A. 微型计算机是个人专用的计算机

B. 计算机应远离高温和磁性物质

C. 同时按下 Ctrl+Alt+Del 组合键的作用是停止计算机工作

D. 防止软盘感染计算机病毒的方法是定期对软盘格式化

179. 下面列出的 4 项中不属于计算机病毒的特征是_____。

A. 潜伏性　　　　　　　　　　　B. 激发性

C. 传播性　　　　　　　　　　　D. 免疫性

180. 文件型病毒传染的对象主要是_____。

A. 扩展名为 WPS 类文件　　　　 B. 扩展名为 doc 类文件

C. 扩展名为 txt 类文件　　　　　 D. 扩展名为 com 和 exe 类文件

181. 预防软盘感染病毒的有效方法是_____。

A. 定期对软盘进行格式化　　　　B. 对软盘上的文件要经常重新复制

C. 给软盘加写保护　　　　　　　D. 不把有病毒的与无病毒的软盘放在一起

182. 为了预防计算机病毒，应采取的正确措施之一是_____。

A. 绝不玩任何计算机游戏　　　　B. 每天都要对硬盘和软盘进行格式化

C. 不与任何人交流　　　　　　　D. 不用盗版软件和来历不明的磁盘

183. 关于计算机病毒，正确的说法是_____。

A. 计算机病毒可以烧毁计算机的电子器件

B. 计算机病毒是一种传染力极强的生物细菌

C. 计算机病毒是一种人为特制的具有破坏性的程序

D. 计算机病毒一旦产生，便无法清除

184. 关于计算机病毒的叙述，不正确的是_____。

A. 对任何一种计算机病毒，都能知道发现和消除的方法

B. 没有一种查毒软件能够确保可靠地查出一切病毒

C. 不用外来的软盘启动计算机是防范计算机病毒传染的有力措施

D. 如果软盘上引导程序已经被病毒修改，那么就一定使计算机也带上了病毒

185. 计算机病毒会造成_____。

　　A. CPU 的烧毁　　　　　　　　B. 磁盘驱动器的损坏

　　C. 程序和数据的破坏　　　　　D. 磁盘的物理损坏

186. 对于下列叙述，正确的说法是_____。

　　A. 所有软件都可以自由复制和传播

　　B. 受法律保护的计算机软件不能随便复制

　　C. 软件没有著作权，不受法律的保护

　　D. 应当使用自己花钱买来的软件

187. 下列关于微型计算机的叙述中，正确的是_____。

　　A. 微型计算机是第三代计算机

　　B. 微型计算机是以微处理器为核心，配有存储器、输入输出接口电路、系统总线

　　C. 微型计算机是运算速度超过每秒 1 亿次的计算机

　　D. 微型计算机以半导体器件为逻辑元件，以磁芯为存储器

188. 计算机硬件的基本构成是_____。

　　A. 主机、输入设备、存储器

　　B. 控制器、运算器、存储器、输入和输出设备

　　C. 主机、显示器、输入设备

　　D. 键盘、打印机、显示器、运算器

189. 在计算机中，主机由微处理器与_____。

　　A. 运算器组成　　　　　　　　B. 磁盘存储器组成

　　C. 软盘存储器组成　　　　　　D. 内存储器组成

190. 计算机中，I/O 设备的含义是_____。

　　A. 输入设备　　　　　　　　　B. 输出设备

　　C. 输入输出设备　　　　　　　D. 控制设备

191. 运算器是计算机中的核心部件之一，它主要用于完成_____，它从存储器中取得参与运算的数据，运算完成后，把结果又送到存储器中。

　　A. 算术逻辑运算　　　　　　　B. 中断处理

　　C. 控制磁盘读写　　　　　　　D. 传送控制信息

192. 计算机的主机箱内没有_____。

　　A. 磁盘驱动器　　　　　　　　B. 系统主板

　　C. 扬声器　　　　　　　　　　D. 音箱

193. 微处理器的字长、主频、运算器结构及_____是影响其处理速度的主要因素。

　　A. 是否微程序控制　　　　　　B. 有无 Cache 存储器

　　C. 有无中断处理　　　　　　　D. 有无 DMA 功能

194. 计算机系统中对输入输出设备进行管理的基本程序放在_____。

A. 寄存器中   B. 硬盘上

    C. RAM 中   D. ROM 中

195. 运算器是计算机中的核心部件之一，它主要用于完成算术逻辑运算，它从存储器中取得参与运算的数据，运算完成后，把结果又送到存储器中，通常把运算器和_____合称为 CPU。

    A. 存储器   B. 控制器

    C. 中央处理器   D. I/O 设备

196. CPU 不能直接访问的存储器是_____。

    A. ROM   B. RAM

    C. Cache   D. 外存储器

197. 通常所说的 486 是指_____。

    A. 其字长是为 486 位   B. 其内存容量为 486KB

    C. 其主频为 486MHz   D. 其所用的微处理器芯片型号为 80486

198. CPU 进行运算和处理的最有效长度称为_____。

    A. 字节   B. 字长

    C. 位   D. 字

199. 微处理器又称_____。

    A. 运算器   B. 控制器

    C. 逻辑器   D. 中央处理器

200. 计算机执行的指令和数据存放在机器的_____中。

    A. 运算器   B. 存储器

    C. 控制器   D. 输入、输出设备

201. 运算器是计算机中的核心部件之一，它主要用于完成算术逻辑，它从_____中取得参与运算的数据，运算完成后，把结果又送到_____中。

    A. 存储器   B. 控制器

    C. 中央处理器   D. I/O 设备

202. 和外存相比，内存的主要特征是_____。

    A. 存储正在运行的程序   B. 能存储大量信息

    C. 能长期保存信息   D. 能同时存储程序和数据

203. 微型计算机中的外存储器,可以与下列哪个部件直接进行数据传送_____。

    A. 运算器   B. 控制器

    C. 微处理器   D. 内存储器

204. 微型计算机显示器一般有两组引线，它们是_____。

    A. 信号线和地址线   B. 电源线与信号线

    C. 控制线与地址线   D. 电源线与控制线

205. 计算机字长取决于下列哪种总线的宽度_____。

    A. 数据总线   B. 地址总线

　　　C. 控制总线　　　　　　　　　　　D. 通信总线

206. 存储器按用途不同可分为_____两大类。
　　　A. RAM 和 ROM　　　　　　　　　B. 主存储器和辅助存储器
　　　C. 内存和磁盘　　　　　　　　　　D. 软盘和硬盘

207. 在计算机系统中，最基本的输入输出模块 BIOS 存放在_____。
　　　A. RAM 中　　　　　　　　　　　 B. ROM 中
　　　C. 硬盘中　　　　　　　　　　　　D. 寄存器中

208. 在计算机系统中，_____的存储量最大。
　　　A. 硬盘　　　　　　　　　　　　　B. 内存储器
　　　C. CACHE　　　　　　　　　　　　D. ROM

209. 内存容量是指 _____，它在计算机中通常以 Byte 为单位表示。
　　　A. 内存储器的存储单元总数　　　　B. 内存储器的存储单元的位数
　　　C. 内存储器和运算器的传送位数　　D. 允许存放程序的数量

210. 计算机内存储器一般是由_____构成的。
　　　A. 半导体器件　　　　　　　　　　B. 硬质塑料
　　　C. 铝合金器材　　　　　　　　　　D. 金属膜

211. 在存储系统中，PROM 是指_____。
　　　A. 固定只读存储器　　　　　　　　B. 可编程只读存储器
　　　C. 可读写存储器　　　　　　　　　D. 可再编程只读存储器

212. Cache 是一种高速度、容量相对较小的存储器。在计算机中，它处于_____。
　　　A. 内存和外存之间　　　　　　　　B. CPU 和主存之间
　　　C. RAM 和 ROM 之间　　　　　　　D. 硬盘和光驱之间

213. 计算机内存比外存_____。
　　　A. 便宜　　　　　　　　　　　　　B. 存储容量大
　　　C. 存取速度快　　　　　　　　　　D. 虽贵但能存储更多的信息

214. 磁盘格式化后被划为若干磁道，每个磁道又被划为若干扇区，每扇区的标准容量是_____。
　　　A. 1 字节　　　　　　　　　　　　B. 1 字长
　　　C. 1KB　　　　　　　　　　　　　D. 512 字节

215. 软盘格式化时，被划分为一定数量的同心圆磁道，软盘上最外面的磁道是_____。
　　　A. 0 磁道　　　　　　　　　　　　B. 39 磁道
　　　C. 1 磁道　　　　　　　　　　　　D. 80 磁道

216. 软盘上第_____磁道最重要，一旦破坏，该盘就不能使用了。
　　　A. 1 磁道　　　　　　　　　　　　B. 0 磁道
　　　C. 80 磁道　　　　　　　　　　　 D. 79 磁道

217. 一般情况下，在断电后，硬盘中的数据_____。

A. 不丢失　　　　　　　　　　　B. 完全丢失

C. 小部分丢失　　　　　　　　　D. 大部分丢失

218. 某计算机的硬盘容量为 1GB，其中 G 表示_____。

A. 1000K　　　　　　　　　　　B. 1024K

C. 1000M　　　　　　　　　　　D. 1024M

219. 一张 3.5 英寸双面高密度软盘片的磁道数为_____。

A. 40　　　　　　　　　　　　　B. 160

C. 80　　　　　　　　　　　　　D. 79

220. 下列有关存储器读写速度的排列，正确的是_____。

A. RAM>Cache>硬盘>软盘　　　B. Cache > RAM >硬盘>软盘

C. Cache>硬盘>RAM>软盘　　　D. RAM >硬盘>软盘>Cache

221. 封上软盘的写保护口后，以下说法正确的是_____。

A. 不能向该盘复制新文件　　　　B. 该盘不能再使用

C. 不能从该盘向外复制文件　　　D. 该盘中没有病毒

222. 下列说法中，_____是正确的。

A. 软盘的体积比硬盘大　　　　　B. 软盘可以是几张磁盘合成一个磁盘

C. 软盘的数据存储量远比硬盘少　D. 读取硬盘上数据所需的时间较软盘多

223. 一张软盘上所存放的有效信息，在下列_____情况下会丢失。

A. 通过海关的 X 射线检测仪　　　B. 放在强磁场附近

C. 放在盒内半年没有使用　　　　D. 放在零下 10 摄氏度的库房中

224. 软盘上的信息被读入内存，是通过软盘上的_____完成的。

A. 写保护口　　　　　　　　　　B. 中间的大圆孔

C. 盘套　　　　　　　　　　　　D. 读写口

225. 在多媒体系统中，最适合存储声、图、文等多媒体信息的是_____。

A. 激光视盘　　　　　　　　　　B. 硬盘

C. CD-ROM 光盘　　　　　　　　D. ROM

226. 在下面关于计算机系统硬件的说法中，不正确的是_____。

A. CPU 主要由运算器、控制器和寄存器组成

B. 当关闭计算机电源后，RAM 中的程序和数据就消失了

C. 软盘和硬盘上的数据均可由 CPU 直接存取

D. 软盘既可以作为输入设备，也可以作为输出设备

227. 声卡具有_____功能。

A. 数字音频　　　　　　　　　　B. 音乐合成

C. MIDI 与音效　　　　　　　　　D. 以上全是

228. 下列设备中，既可作为输入设备又可作为输出设备的是_____。

A. 键盘　　　　　　　　　　　　B. 鼠标

C. 磁盘驱动器　　　　　　　　　D. 显示器

229. 输入设备是_____。
    A. 从磁盘上读取信息的电子线路　B. 磁盘文件等
    C. 键盘、鼠标和打印机等　　　　D. 从计算机外部获取信息的设备

230. 计算机键盘上的 F1~F12 键一般被称为_____。
    A. 帮助键　　　　　　　　　　B. 功能键
    C. 编辑键　　　　　　　　　　D. 锁定键

231. 计算机键盘上 Shift 键是_____。
    A. 输入键　　　　　　　　　　B. 回车换行键
    C. 退出键　　　　　　　　　　D. 上档键

232. 数字小键盘区既可用作数字键也可用作编辑键。通过按_____键可进行转换。
    A. Shift　　　　　　　　　　　B. NumLock
    C. CapsLock　　　　　　　　　D. Insert

233. 计算机的外围设备中，属于输入设备的是_____。
    A. 显示器　　　　　　　　　　B. 打印机
    C. 扬声器　　　　　　　　　　D. 扫描仪

234. 计算机的显示器显示西文字符时，一般情况下，一屏最多可显示_____。
    A. 25 行，每行 80 个字符　　　B. 25 行，每行 60 个字符
    C. 20 行，每行 80 个字符　　　D. 20 行，每行 60 个字符

235. 在计算机中，与 VGA 密切相关的设备是_____。
    A. 打印机　　　　　　　　　　B. 扫描仪
    C. 显示器　　　　　　　　　　D. 键盘

236. 速度最快、分辨率最高的打印机类型是_____。
    A. 击打式打印机　　　　　　　B. 针式打印机
    C. 喷墨打印机　　　　　　　　D. 激光打印机

237. 通常所说的 24 针打印机属于_____。
    A. 击打式打印机　　　　　　　B. 激光打印机
    C. 喷墨打印机　　　　　　　　D. 热敏打印机

238. Modem 的功能是实现_____。
    A. 模拟信号与数字信号的转换　B. 数字信号的编码
    C. 模拟信号的放大　　　　　　D. 数字信号的整形

239. 拥有计算机并用拨号方式接入网络的用户需要使用_____。
    A. CD-ROM　　　　　　　　　B. 鼠标
    C. 电话机　　　　　　　　　　D. Modem

240. 在描述计算机的主要性能指标中，字长、存储容量和运算速度应属于_____的性能指标。
    A. 硬件系统　　　　　　　　　B. CPU

C. 软件系统　　　　　　　　　　D. 以上说法均不正确

241. 计算机通常称作 386、486、586 机，这是指该机配置的_____而言。

    A. 总线标准的类型　　　　　　B. CPU 的型号

    C. CPU 的速度　　　　　　　　D. 内存容量

242. 常用主机的_____来反映计算机的速度指标。

    A. 存取速度　　　　　　　　　B. 时钟频率

    C. 内存容量　　　　　　　　　D. 字长

243. 计算机系统中软件与硬件_____。

    A. 相互独立

    B. 由硬件决定计算机系统的功能强弱

    C. 二者相互依靠支持，共同决定计算机系统的功能强弱

    D. 以上均不正确

244. 下列描述中，正确的是_____。

    A. 喷墨打印机是击打式打印机

    B. 磁盘驱动器是内存储器

    C. 计算机运算速度可用每秒钟执行指令的条数来表示

    D. 操作系统是一种应用系统软件

245. 为了保护计算机系统，从开机到关机、关机到开机，一般情况下_____。

    A. 不需要间隔　　　　　　　　B. 有一段时间间隔

    C. 有很长一段时间间隔　　　　D. 有没有时间间隔都可以

246. 下列因素中，对计算机工作影响最小的是_____。

    A. 磁场　　　　　　　　　　　B. 温度

    C. 湿度　　　　　　　　　　　D. 噪声

247. 计算机系统启动时的加电顺序应是_____。

    A. 先开主机，后开外部设备　　B. 先开外部设备，后开主机

    C. 先开主机，后开显示器　　　D. 任意先开哪一部分都可以

248. UPS 的中文名称是_____。

    A. 电子交流稳压器　　　　　　B. 不间断电源

    C. 阴极射线管　　　　　　　　D. 高能奔腾

249. 在以下关于"计算机指令"的叙述中，正确的是_____。

    A. 指令就是程序的集合

    B. 指令通常由操作码和操作数两部分组成

    C. 所有计算机具有相同的指令格式

    D. 指令是一组二进制或十六进制代码

250. 通常计算机的系统资源是由_____来管理的。

    A. 操作系统　　　　　　　　　B. 监控程序

    C. 系统软件　　　　　　　　　D. 程序

251. 计算机的 CPU 每执行一个_____，就完成一步基本运算或判断。
    A. 语句　　　　　　　　　　B. 指令
    C. 程序　　　　　　　　　　D. 软件

252. 计算机操作系统是对计算机软、硬件资源进行管理和控制的系统软件，也为_____之间交流信息提供方便。
    A. 软件和硬件　　　　　　　B. 主机和外设
    C. 计算机和控制对象　　　　D. 用户和计算机

253. 发现计算机病毒后，较为彻底的清除方法是_____。
    A. 删除磁盘文件　　　　　　B. 格式化磁盘
    C. 用查毒软件处理　　　　　D. 用杀毒软件处理

254. 计算机被病毒感染的可能途径是_____。
    A. 运行错误的操作命令　　　B. 磁盘表面不清洁
    C. 运行来历不明的外来文件　D. 电源不稳定

255. 操作系统的主要功能是_____。
    A. 实现软、硬件转换　　　　B. 管理所有的软、硬件资源
    C. 把源程序转换为目标程序　D. 进行数据处理

256. 应用软件是指_____。
    A. 所有能够使用的软件
    B. 能被各应用单位共同使用的某种软件
    C. 所有计算机上都能使用的基本软件
    D. 专门为某一应用目的而编制的软件

257. 在操作系统中，文件管理程序的主要功能是_____。
    A. 实现文件的显示和打印　　B. 实现对文件的按内容存取
    C. 实现对文件按名存取　　　D. 实现文件压缩

258. 计算机上配有某种高级语言，是指该计算机_____。
    A. 能直接执行这种高级语言的程序
    B. 配有这种高级语言的语言处理程序
    C. 只能执行这种高级语言程序
    D. 以上说法都不对

259. 用某种高级语言编制的程序称为_____。
    A. 用户程序　　　　　　　　B. 可执行程序
    C. 目标程序　　　　　　　　D. 源程序

260. 下面关于机器语言的叙述不正确的是_____。
    A. 机器语言编写的程序是机器代码的集合
    B. 机器语言是第一代语言，从属于硬设备
    C. 机器语言程序执行效率高
    D. 机器语言程序需要编译后才能运行

261. BASIC 语言是一种_____。
    A. 机器语言   B. 低级语言
    C. 高级语言   D. 汇编语言

262. 用 BASIC 语言编制的源程序要变为目标程序，必须经过_____。
    A. 汇编   B. 解释
    C. 编辑   D. 编译

263. 高级语言编译程序是一种_____。
    A. 系统软件   B. 工具软件
    C. 应用软件   D. 诊断软件

264. 目前使用的防病毒软件的主要作用是_____。
    A. 杜绝病毒对计算机的侵害
    B. 检查计算机是否感染病毒
    C. 检查计算机是否感染病毒，并清除已被感染的任何病毒
    D. 检查计算机是否被已知病毒感染，并清除该病毒

265. 计算机病毒造成的危害是_____。
    A. 磁盘被彻底划坏   B. 磁盘和保存在其中的数据被损坏
    C. 破坏程序和数据   D. 减短计算机使用寿命

266. 计算机病毒是一种_____。
    A. 含有错误的程序   B. 对计算机起破坏作用的器件
    C. 计算机硬件故障   D. 具有破坏性的程序

267. 在下列 4 项中，不属于计算机病毒特征的是_____。
    A. 潜伏性   B. 破坏性
    C. 传染性   D. 免疫性

268. 计算机病毒是编制者在计算机程序中插入的破坏计算机功能或者数据的代码，计算机病毒能够_____。
    A. 使磁盘发霉   B. 破坏计算机系统
    C. 使计算机内存芯片损坏   D. 使计算机系统突然掉电

269. 目前使用的防病毒软件作用是_____。
    A. 查出任何已感染的病毒
    B. 查出并清除任何病毒
    C. 清除已感染的任何病毒
    D. 查出已知的病毒，清除部分病毒

270. 下列情况中，_____一定不是因病毒感染所致。
    A. 显示器不亮   B. 计算机提示内存不够
    C. 以 exe 为扩展名的文件变大   D. 机器运行速度变慢

271. 下列说法不正确的是_____。
    A. 安装防火墙是预防黑客攻击网络的措施之一

B. 计算机黑客是指那些制造计算机病毒的人

C. 黑客多数是利用计算机病毒进行犯罪活动，如窃取国家机密

D. 黑客攻击网络的主要手段之一是寻找系统漏洞

272. 安装防火墙的主要目的是_____。

A. 提高网络的运行效率　　　　B. 对网络信息进行加密

C. 防止计算机数据丢失　　　　D. 保护内网不被非法入侵

273. 计算机信息安全是指_____。

A. 计算机中的信息没有病毒

B. 计算机中的信息不被泄露、篡改和破坏

C. 计算机中的信息均经过加密处理

D. 计算机中存储的信息正确

274. _____对计算机信息安全不会造成危害。

A. 盗用别人的账户和密码　　　B. 计算机病毒

C. 黑客攻击　　　　　　　　　D. 对数据加密

275. 设置信息安全的目的是为了保证_____。

A. 计算机能正常持续运行

B. 计算机硬件系统不被偷窃和破坏

C. 信息不被泄露、篡改和破坏

D. 计算机使用人员的安全性

276. 信息安全的目标是保护信息的机密性、完整性、可用性、可识别性和_____。

A. 真实性　　　　　　　　　　B. 不可否认性

C. 连续性　　　　　　　　　　D. 独立性

277. 信息安全的核心是_____。

A. 机器安全　　　　　　　　　B. 实体安全

C. 数据安全　　　　　　　　　D. 物理安全

278. 攻击信息安全的基本手段有合法收集泄露的信息、寻找漏洞入侵、欺骗和_____。

A. 伏击　　　　　　　　　　　B. 植入木马

C. 窃听　　　　　　　　　　　D. 偷拍输入密码过程

279. 将被传输的数据转换成表面看起来杂乱无章的数据。合法的接收者通过逆变换可以恢复成原来的数据，而非法窃取得到的则是毫无意义的数据，这是_____。

A. 访问控制　　　　　　　　　B. 防火墙

C. 入侵检测　　　　　　　　　D. 数据加密

280. 设置在被保护的内部网络和外部网络之间的软件和硬件设备的组合，对内网和外网之间的通信进行控制的设施是_____。

A. 防火墙　　　　　　　　　　B. 访问控制

C. 数据加密　　　　　　　　　D. 病毒实时监控

281. 下列关于计算机病毒叙述不正确的是_____。

　　A. 计算机病毒是人为制造的一种破坏性程序

　　B. 大多数计算机病毒程序具有自身复制功能

　　C. 高级的计算机病毒可能会传染给身体虚弱、抵抗力差的人

　　D. 计算机病毒具有很强的破坏性

282. 计算机病毒是指_____。

　　A. 带有生物病菌的磁盘

　　B. 已损坏的程序、数据

　　C. 人为设计的具有破坏性的程序

　　D. 通过计算机网络传播的一种生物病菌

283. 传统的单机病毒主要有引导型、宏病毒、混合型及_____。

　　A. 文件型　　　　　　　　　　B. 冲击波型

　　C. 熊猫烧香型　　　　　　　　D. QQ 木马型

284. 寄生于文档或模板宏中的计算机病毒，一旦打开带有该病毒的文档，病毒就会激活，驻留在 normal 模板上，并让所有自动保存的文档感染上这种病毒，这是_____。

　　A. 引导型病毒　　　　　　　　B. 文件型病毒

　　C. 宏病毒　　　　　　　　　　D. 混合型病毒

285. 在 IE 浏览器中，以下不是记录用户上网隐私的是_____。

　　A. 用户访问过的网址　　　　　B. Internet 临时文件夹中存储的文件

　　C. Cookie　　　　　　　　　　D. PKI 中的私钥

286. 计算机安全包括_____。

　　A. 操作安全　　　　　　　　　B. 物理安全

　　C. 病毒防护　　　　　　　　　D. 以上皆是

287. 信息安全需求包括_____。

　　A. 完整性　　　　　　　　　　B. 可用性

　　C. 保密性　　　　　　　　　　D. 以上皆是

288. 下列关于计算机病毒的说法，错误的是_____。

　　A. 有些病毒仅能攻击某一种操作系统，如 Windows

　　B. 病毒一般附着在其他应用程序之后

　　C. 每种病毒都会给用户造成严重后果

　　D. 有些病毒能损坏计算机硬件

289. 下列关于网络病毒描述错误的是_____。

　　A. 网络病毒不会对网络传输造成影响

　　B. 与单机病毒比较，加快了病毒传播的速度

　　C. 传播媒介是网络

　　D. 可通过电子邮件传播

290. 下列关于计算机病毒，描述正确的是_____。

    A. 计算机病毒只感染.exe 和.com 文件

    B. 计算机病毒是通过电力网传播的

    C. 计算机病毒是通过读写软盘、光盘和互联网传播的

    D. 计算机病毒是由于软盘表面不卫生引起的

291. 网络安全最基本的技术是_____。

    A. 信息加密技术　　　　　　B. 防火墙技术

    C. 网络控制技术　　　　　　D. 反病毒技术

292. 防止计算机传染病毒的方法是_____。

    A. 不使用有病毒的盘片　　　B. 使用计算机前要洗手

    C. 提高计算机电源的稳定性　D. 联机操作

293. 防火墙用于将互联网和内部网络隔离_____。

    A. 是防止互联网火灾的硬件设施

    B. 是网络安全和信息安全的软件和硬件设施

    C. 是保护线路不受破坏的软件和硬件设施

    D. 是起抗电磁干扰作用的硬件设施

294. 计算机病毒_____。

    A. 是生产计算机硬件时不注意产生的

    B. 是人为制造的

    C. 都必须清除，计算机才能使用

    D. 都是人们无意中制造的

295. 以下措施不能防止计算机病毒的是_____。

    A. 软盘未写保护

    B. 先用杀毒软件对其他计算机上复制来的文件查杀病毒

    C. 不用来历不明的磁盘

    D. 经常进行杀毒软件升级

296. 属于计算机犯罪的事是_____。

    A. 非法截获信息

    B. 复制与传播计算机病毒

    C. 利用计算机技术伪造篡改信息

    D. 以上皆是

297. 下列情况中_____破坏了数据的完整性。

    A. 假冒他人地址发送数据　　B. 否认做过信息的递交行为

    C. 数据在传输中途被窃听　　D. 数据在传输中途被篡改

298. 避免侵犯别人的隐私权，不能在网上随意发布、散布别人的_____。

    A. 照片　　　　　　　　　　B. 电子信箱

    C. 电话　　　　　　　　　　D. 以上皆是

4.1.2 多项选择题

1. 计算机的应用领域主要有以下哪几方面_____。
   A. 数值计算   B. 计算机辅助工程
   C. 实时控制   D. 数据处理

2. 电子计算机的特点是_____。
   A. 计算速度快   B. 具有对信息的记忆能力
   C. 具有思考能力   D. 具有逻辑处理能力
   E. 高度自动化

3. 存储程序的工作原理的基本思想是_____。
   A. 事先编好程序   B. 将程序存储在计算机中
   C. 在人工控制下执行每条指令   D. 自动将程序从存放的地址取出并执行

4. 计算机辅助技术包括_____。
   A. CAD   B. CAF
   C. CAA   D. CAT
   E. CAM

5. 在计算机中采用二进制的主要原因是_____。
   A. 运算法则简单   B. 两个状态的系统容易实现，成本低
   C. 十进制无法在计算机中实现   D. 可进行逻辑运算

6. 计算机中字符 a 的 ASCII 码值是 $(01100001)_2$，那么字符 c 的 ASCII 码值是_____。
   A. $(01100010)_2$ B. $(01100011)_2$
   C. $(143)_8$ D. $(63)_{16}$

7. 计算机内不可以被硬件直接处理的数据是_____。
   A. 二进制数   B. 八进制数
   C. 十六进制数   D. 字符
   E. 汉字

8. 和二进制数 00110101 相等的数包括_____。
   A. 十进制数 55   B. 十进制数 53
   C. 八进制数 65   D. 十六进制数 35
   E. 十六进制数 65

9. 和十进制数 89 相等的数包括_____。
   A. 二进制数 01011001   B. 二进制数 01011111
   C. 八进制数 110   D. 十六进制数 5f
   E. 十六进制数 59

10. 以下关于 ASCII 码概念的论述中，正确的有_____。
    A. ASCII 码中的字符全部都可以在屏幕上显示
    B. ASCII 码基本字符集由 7 个二进制数码组成

C. 用 ASCII 码可以表示汉字

D. ASCII 码基本字符集包括 128 个字符

E. ASCII 码中的字符集由 16 个二进制数组成

11. 在计算机中一个字节可表示_____。

    A. 2 位十六进制数   B. 4 位十进制数

    C. 一个 ASCII 码   D. 256 种状态

    E. 8 位二进制数

12. 下列算法语言中属于高级语言范畴的语言包括_____。

    A. Visual BASIC   B. MASM

    C. Fortran   D. Visual C

    E. 机器语言

13. 计算机系统中，包含_____。

    A. 计算机软件系统   B. 计算机硬件系统

    C. UPS 系统   D. Modem 系统

    E. 光盘系统

14. 以下设备中，既是输入设备又是输出设备的设备有_____。

    A. 显示器   B. CDROM

    C. 内存   D. 硬盘

    E. 软盘

15. 以下设备中，属于输入设备的有_____。

    A. 显示器   B. 鼠标

    C. 键盘   D. 手写板

    E. 绘图仪

16. 在计算机软件系统中，"口令"是保证系统安全的一种简单而有效的方法。一个好的口令应当_____。

    A. 只使用小写字母   B. 混合使用字母和数字

    C. 易于记忆   D. 具有足够的长度

    E. 只使用大写字母

17. 便携式计算机(笔记本)的特点是_____。

    A. 重量轻   B. 体积小

    C. 功能强   D. 便于携带

18. 对中央处理器(CPU)，叙述正确的有_____。

    A. 是计算机系统中最核心的部件   B. 是由运算器和控制器组成

    C. 简称主机   D. 具有计算能力

    E. 能执行指令

19. 电子计算机按用途分类，包括_____。

A. 微型计算机　　　　　　　B. 通用型计算机

C. 中型计算机　　　　　　　D. 大型计算机

E. 专用型计算机

20. 和二进制数 10000001 相等的数包括＿＿＿＿＿＿。

A. 十进制数 129　　　　　　B. 十进制数 101

C. 八进制数 201　　　　　　D. 十六进制数 51

E. 十六进制数 81

21. 衡量计算机最重要的两个因素是＿＿＿＿＿＿。

A. 内存容量　　　　　　　　B. 配置的外设

C. CPU 型号　　　　　　　　D. 输入、输出信息的速度

22. 下面＿＿＿＿＿＿属于高级语言。

A. BASIC　　　　　　　　　B. FORTRAN

C. 汇编语言　　　　　　　　D. COBOL

E. WPS

23. 下面数中，＿＿＿＿＿＿为合法的八进制数。

A. 1023　　　　　　　　　　B. 10111

C. A120　　　　　　　　　　D. 7797

E. 123.A

24. 微型计算机 1 兆的存储相当于＿＿＿＿＿＿。

A. 100 万字节　　　　　　　B. 1024 字节

C. 2 的 20 次方字节　　　　　D. 1000KB

E. 1024×1024 字节　　　　　F. 1024×1024bit

25. 当前微型计算机系统里，＿＿＿＿＿＿是必不可少的。

A. 操作系统　　　　　　　　B. 主机

C. 输入、输出设备　　　　　D. 鼠标

E. 外存储器　　　　　　　　F. 光电笔

26. 计算机在工作时电源突然中断，则计算机中＿＿＿＿＿＿不会丢失，再次通电后可以读取。

A. ROM 和 RAM 中的信息　　B. ROM 中的信息

C. RAM 中的信息　　　　　　D. 硬盘中的信息

27. 硬盘存储器具有成本低、体积小、＿＿＿＿＿＿等优点。

A. 存取速度快　　　　　　　B. 存储容量大

C. 可重复使用　　　　　　　D. 不因脱机或掉电而失去信息

28. 下面＿＿＿＿＿＿是计算机的外部设备。

A. ROM　　　　　　　　　　B. 显示器

C. CPU　　　　　　　　　　D. 键盘

E. 磁盘　　　　　　　　　　F. RAM

29. 计算机病毒的主要特点是_____。
    A. 传染性 　　　　　　　　B. 潜在性
    C. 破坏性 　　　　　　　　D. 隐蔽性
    E. 激发性

30. 下面哪些属于内存储器_____。
    A. CPU 　　　　　　　　　B. ROM
    C. RAM 　　　　　　　　　D. EPROM

31. 下面哪些信息存储在磁盘的零磁道_____。
    A. 引导记录 　　　　　　　B. 子目录
    C. 根目录 　　　　　　　　D. 文件分配表

32. 计算机不能直接识别和处理的语言是_____。
    A. 汇编语言 　　　　　　　B. 自然语言
    C. 机器语言 　　　　　　　D. 高级语言

33. 下列描述中，不正确的是_____。
    A. 激光打印机是击打式打印机
    B. 软磁盘是内存储器
    C. 计算机运算速度可用每秒中执行指令的条数来表示
    D. 操作系统是一种应用软件

34. 硬盘和软盘驱动器是一种_____。
    A. 内存储器 　　　　　　　B. 外存储器
    C. 只能读不能写的设备 　　D. 能读也能写的设备

35. 计算机主机箱中装有_____。
    A. 显示器接口 　　　　　　B. 磁盘驱动器
    C. CPU 及存储器 　　　　　D. 主机电源

36. 若在计算机中，3.5 英寸软盘的写保护窗口开着时，下面叙述中不正确的是_____。
    A. 只能读不能写 　　　　　B. 只能写不能读
    C. 既能写又能读 　　　　　D. 不起任何作用

37. 存储器 ROM 的特点是_____。
    A. ROM 中的信息可读可写 　B. ROM 的访问速度高于磁盘
    C. ROM 中的信息可长期保存 　D. ROM 是一种半导体存储器

38. 在以下关于计算机内存的叙述中，正确的叙述为_____。
    A. 是用半导体集成电路构造的
    B. 掉电后均不能保存信息
    C. 是依照数据对存储单元进行存取信息
    D. 是依照地址对存储单元进行存取信息

39. 以下关于操作系统的叙述，正确的为_____。
    A. 是一种系统软件　　　　　　B. 是一种操作规范
    C. 能把源代码翻译成目的代码　D. 能控制和管理系统资源

40. 常见的操作系统有_____。
    A. UNIX　　　　　　　　　　　B. BASIC
    C. PC-DOS　　　　　　　　　　D. Windows

41. 随机存储器 RAM 的特点是_____。
    A. RAM 中的信息可读可写　　　B. RAM 的存取速度高于磁盘
    C. RAM 中的信息可长期保存　　D. RAM 是一种半导体存储器

42. 与内存相比，外存的主要优点是_____。
    A. 存储容量大　　　　　　　　B. 信息可长期保存
    C. 存储单位信息的价格便宜　　D. 存取速度快

43. CPU 能直接访问的存储器是_____。
    A. ROM　　　　　B. RAM　　　　　C. Cache　　　　　D. 外存储器

44. 断电后仍能保存信息的存储器为_____。
    A. CD-ROM　　B. RAM　　　　C. ROM　　　　　D. 硬盘

45. 对计算机中主存储器论述正确的有_____。
    A. 是依照数据对存储单元存取信息
    B. 是用半导体集成电路构造的
    C. 是依照地址对存储单元存取信息
    D. 掉电后均不能保存信息

46. 在下列设备中，只能进行读操作的设备是_____。
    A. RAM　　　　　　　　　　　B. ROM
    C. 硬盘　　　　　　　　　　　D. CD-ROM

47. 关于中央处理器的叙述中，正确的为_____。
    A. 中央处理器的英文缩写为 CPU
    B. 中央处理器简称为主机
    C. 存储容量是中央处理器的主要指标之一
    D. 时钟频率是中央处理器的主要指标之一

48. 下面会破坏软盘片信息的情况是_____。
    A. 弯曲、折叠盘片　　　　　　B. 将软盘靠近强磁场
    C. 读写频率太高　　　　　　　D. 周围环境太嘈杂

49. 不能够直接与外存交换数据的是_____。
    A. 控制器　　　　　　　　　　B. RAM
    C. 键盘　　　　　　　　　　　D. 运算器

50. 以下关于计算机程序设计语言的说法中，正确的有_____。

A. 计算机只能直接执行机器语言程序

B. 机器语言和汇编语言合称为低级语言

C. 高级语言是高级计算机才能执行的语言

D. 高级语言在执行时需要编译。

51. 汇编语言是一种_____。

A. 低级语言　　　B. 高级语言　　C. 程序设计语言　　D. 目标程序

52. 下列软件中_____是系统软件。

A. 编译程序

B. 操作系统的各种管理程序

C. 用 BASIC 语言编写的计算程序

D. 用 C 语言编写的 CAI 课件

53. 下列叙述正确的有_____。

A. 外存中的程序只有调入内存后才能运行

B. 计算机区别于其他计算工具的本质特点是能存储数据和程序

C. 裸机是指不含外部设备的主机

D. 计算机不能对实数进行运算

54. 计算机硬件系统主要性能指标包括_____。

A. 字长　　　　　　　　　　　B. 显示器大小

C. 内存容量　　　　　　　　　D. 主频

E. 操作系统性能

55. 下面关于计算机病毒的描述中，正确的是_____。

A. 计算机病毒是利用计算机软、硬件存在的一些脆弱性而编制的具有特殊
功能的程序

B. 计算机病毒具有传染性、隐蔽性、潜伏性和破坏性

C. 有效查杀病毒的方法是多种杀毒软件交叉使用

D. 病毒只会通过后缀为 EXE 的文件传播

56. 以下可以预防计算机病毒侵入的措施有_____。

A. 软盘写保护　　　　　　　　B. 不运行来历不明的软件

C. 保持周围环境清洁　　　　　D. 安装不间断电源

57. 当发现软盘已感染上病毒，此时可采取的措施有_____。

A. 使用各种防病毒软件，消除软盘上的病毒

B. 打开此软盘的写保护口

C. 可继续使用软盘上未感染病毒的其他程序

D. 对软盘重新进行格式化后再用

58. 下面是关于计算机病毒的 4 条叙述，其中不正确的有_____。

A. 严禁在计算机上玩游戏是预防计算机病毒侵入的唯一措施

B. 计算机病毒只破坏磁盘上的程序和数据

C. 计算机病毒只破坏内存中的程序和数据

  D. 计算机病毒隐藏在计算机系统内部或附在其他程序(或数据)文件上

4.1.3　是非判断题

1. 确立了计算机基本结构的科学家是图灵。

2. 计算机的发展是按电子器件来划分的。

3. 在第二代计算机中出现了操作系统。

4. 微型计算机是 1946 年出现的。

5. 计算机辅助设计是计算机辅助教育的主要应用领域之一。

6. 计算机辅助教学的英文缩写是 CAI。

7. 计算机辅助测试是人工智能的应用领域之一。

8. 大规模集成电路是第三代计算机的核心部件。

9. 在计算机内部,利用电平的高低组合来表示各类信息。

10. 专家系统属于人工智能范畴。

11. 7 个二进制位构成一个字节。

12. 计算机内部最小的信息单位是位。

13. ASCII 编码专用于表示汉字的机内码。

14. 按用途对计算机进行分类,可以把计算机分为通用型计算机和专用型计算机。

15. 对于特定的计算机,每次存放和处理的二进制数的位数是可以变化的。

16. 计算机的字长是指一个汉字在计算机内部存放时所需的二进制位数。

17. 我们衡量一个文件的大小、信息量的多少都是以字节为单位的。

18. 采用 ASCII 编码,最多能表示 128 个符号。

19. 在计算机中,利用二进制数表示指令和字符,用十进制数表示数字。

20. ASCII 码的作用是把要处理的字符转换为二进制代码,以便计算机进行传送和处理。

21. 计算机中之所以采用二进制方式,其主要原因是十进制在计算机中无法实现。

22. 一般来说计算机字长与其性能成正比。

23. 计算机的字长是指一个英文字符在计算机内部存放时所需的二进制位数。

24. 每个汉字具有唯一的内码和外码。

25. 只有用机器语言编写的程序才能被计算机直接执行,用其他语言编写的程序必须经过"翻译"后才能正确执行。

26. Visual C 语言属于计算机低级语言。

27. 计算机是实现自动控制的必备设备。

28. 汇编语言是机器指令的纯符号表示。

29. 人工智能是指利用计算机技术来模仿人的智能的一种技术。

30. 计算机软件分为基本软件、计算机语言和应用软件三大部分。

31. 数字计算机只能处理单纯的数字信息,不能处理非数字信息。

32.　Visual BASIC 语言属于计算机高级语言。

33.　在计算机中，所谓多媒体信息就是指以多种形式存储在多种不同媒体上的信息。

34.　利用计算机进行工厂自动控制，可以降低工厂自动控制系统的成本，提高其自动控制准确性，从而节约工厂开支。

35.　每个 ASCII 码的长度是 8 位二进制位，因此每个字节是 8 位。

36.　操作系统属于系统软件范畴。

37.　多媒体计算机是指计算机系统中用于存放文件的设备有多种，比如软盘、硬盘、光盘等。

38.　计算机是实现自动控制的首选设备，没有计算机虽然也能实现自动控制，但是实现较困难，成本高，准确性较低。

39.　在我们使用计算机时，经常使用十进制数，因为计算机中是采用十进制进行运算的。

40.　计算机系统包括软件系统和硬件系统两大部分。

41.　在计算机中使用八进制和十六进制，是因为它们占用的内存容量比二进制少，运算法则也比二进制简单。

42.　计算机病毒是因计算机程序长时间未使用而动态生成的。

43.　目前计算机病毒的传播途径主要是计算机网络。

44.　如果计算机没有感染病毒，则不能利用杀毒软件来清除病毒，否则，极有可能破坏计算机中的数据文件。

45.　计算机病毒是一种可以自我繁殖的特殊程序，这种程序本身通常没有文件名。

46.　可执行文件的发布是计算机病毒传播的唯一途径。

47.　如果计算机感染有病毒，则可以通过杀毒软件来清除。

48.　考虑数据的安全性，在实际操作过程中，应对硬盘中的重要数据定期备份。

49.　图形处理卡是多媒体计算机系统的必备设备之一。

50.　无论当前工作的计算机上是否有病毒，只要格式化某张软盘，则该软盘上一定是不带病毒的。

51.　声卡是多媒体计算机的必备设备之一。

52.　"a" 的 ASCII 值比 "A" 的 ASCII 值大。

53.　用 8 位二进制编码表示 ASCII 码，其最高位全部是 1。

54.　国标码规定，一个汉字用两个字节表示。

55.　汉字的内码和外码是相同的。

56.　智能 ABC 是一种外码。

57.　在汉字系统中，一般用点阵来表示字形。

58.　存储汉字字形信息的集合称为汉字字库。

59.　汉字点阵越小，其字形的质量越好。

60.　汉字点阵越大，其存储量越大。

61. 机器语言是计算机的硬件之一。

62. 高级语言是与计算机结构无关的计算机语言。

63. 长程序一定比短程序执行时间长。

64. 程序也属于软件。

65. ASCII 是计算机唯一使用的信息编码。

66. 对于不同档次的计算机，字的长度是不同的。

67. 计算机系统的资源是数据。

68. 格式化一个磁盘将破坏磁盘上原有的信息。

69. 多媒体技术中，多媒体是指信息存储介质的多样化。

70. 防病毒的措施之一是用户重视知识产权，不要盗版复制软件。

71. 应用软件全部由最终用户自己设计和编写。

72. 微型计算机就是体积微小的计算机。

73. 严禁在计算机玩各种游戏是预防病毒的有效措施之一。

74. 计算机病毒是一种能入侵并隐藏在文件中的程序，但它并不危害计算机的软件系统和硬件系统。

75. 高级语言程序有两种工作方式：编译方式和解释方式。

76. 计算机中的时钟主要用于系统计时。

77. 操作系统是用户和计算机之间的接口。

78. 程序一定要调入内存后才能运行。

79. 裸机是指不含外围设备的主机。

80. 低级语言学习和使用都很困难，所以已被淘汰。

81. 微型计算机的内存储器是指安放在计算机内的各种存储设备。

82. 存储器具有记忆能力，而且任何时候都不会丢失信息。

83. 通常把控制器、运算器、存储器和输入输出设备合称为计算机系统。

84. 计算机的指令是一组二进制代码，是计算机可以直接执行的操作命令。

85. 高级程序员使用高级语言，普通用户使用低级语言。

86. 计算机与计算器的差别主要在于中央处理器速度的快慢。

87. 微型机主机包括主存储器和 CPU 两部分。

88. 解释程序的功能是解释执行汇编语言程序。

89. 所有微处理器的指令系统是通用的。

90. 一般来说，不同的计算机具有不同的指令系统和指令格式。

91. 程序是指令的有序集合。

92. 汇编语言是各种计算机机器语言的总称。

93. 16 位字长的计算机是指能计算最大为 16 位十进制数的计算机。

94. 磁盘既可作为输入设备又可作为输出设备。

95. 存储器须在电源电压正常时才能存储信息。

96. 存入存储器中的数据可以反复取出使用而不被破坏。

97. 键盘上每个按键对应唯一的一个 ASCII 码。

98. 程序是能够完成特定功能的一组指令序列。

99. 所有高级语言使用相同的编译程序完成翻译工作。

100. 微型计算机的地址线是指计算机中的各种连接线。

101. 计算机病毒只破坏磁盘上的数据和程序。

102. 程序设计语言是计算机可以直接执行的语言。

103. 计算机中的总线也就是传递数据用的数据线。

104. 运算器的功能就是算术运算。

105. 系统软件包括操作系统、语言处理程序和各种服务程序等。

106. 计算机系统的功能强弱完全由 CPU 决定。

107. 存储器容量大小可用 KB 为单位来表示，1KB 表示 1024 个二进制数位。

108. 任何型号的计算机系统均采用统一的指令系统。

109. 存储器中的信息既可以是指令，也可以是数据。

110. 主存储器可以比辅助存储器存储更多信息，且读写速度更快。

111. 一般说来，外存储器的容量大于内存储器的容量。

112. SRAM 存储器是动态随机存储器。

113. 磁盘的 0 磁道在磁盘的最外侧。

114. 磁盘是计算机中一种重要的外部设备。没有磁盘，计算机就无法运行。

115. 一张磁盘的 0 磁道坏了，其余磁道正常，则仍能使用。

116. 软盘比硬盘更容易损坏。

117. 磁道是生产磁盘时直接刻在磁盘上的。

118. 软盘的读写速度比硬盘快。

119. 计算机显示器只能显示字符，不能显示图形。

120. 磁道是一系列的同心圆。

121. 打印机只能打印字符，绘图机才能绘图形。

122. Cache(高速缓存)中的数据是内存数据的一部分。

123. P4/2.1GHz 中的 2.1 是存储容量。

124. 即使有了鼠标，键盘也是不可缺少的输入设备。

125. 所有的光盘只能读，不能写。

126. EGA 显卡比 SVGA 显卡的显示分辨率更高。

127. 现在的显卡都增加了图形加速器。

128. 计算机上只要有音箱，就可以不要声卡。

129. 激光打印机打印效果最好。

130. 现在，针式打印机已全部被淘汰。

131. 计算机病毒只破坏软盘和硬盘上的数据和程序。

132. 当发现病毒时，它们往往已经对计算机系统造成了不同程度的破坏，即使清除了病毒，受到破坏的内容有时也是不可恢复的。

133. 对重要程序或数据要经常做备份，以免感染病毒后造成重大损失。

134. 禁止在计算机上玩电子游戏是预防感染计算机病毒的有效措施之一。

135. 计算机病毒在某些条件下被激活之后，才开始起干扰破坏作用。

136. 若一片磁盘上没有可执行文件，则不会感染上病毒。

4.1.4　填空题

1. 世界上第一台计算机于_____年在_____诞生，它的名字是_____。

2. 第二代计算机采用的电子器件是_____。

3. 根据计算机发展阶段的划分，我们目前使用的计算机属于第_____代计算机。

4. 以二进制和程序控制为基础的计算机结构是由_____最早提出的。

5. 功能最强的计算机是巨型机，通常使用的最普遍的计算机是_____。

6. 计算机辅助设计的英文缩写是_____。

7. 二进制的基数是_____，每一位数可取最大数值是_____。

8. R 进制的基数是_____，每一位数可取最大数值是_____。

9. 8 位二进制能表示的正整数范围是_____。

10. 十进制数 100，表示成二进制数是_____，十六进制数是_____。

11. 十进制数 102，表示成二进制数是_____，八进制数是_____。

12. 八进制数 77，表示成二进制数是_____，十进制数是_____。

13. 二进制数(1101100101000101)转换成十六进制数是_____。

14. 十六进制数的基数是_____，每一位数可取的最大值是_____。

15. 64KB =_____ Byte。

16. 软盘上有 360 字节空间，最多可以存储英文字符_____个、中文字符_____个。

17. 在计算机的单位换算中，定义 1TB =_____ GB，1GB =_____ MB。

18. 计算机中表示信息的最小单位是_____，存储信息的最小单位是_____。

19. 64KB=_____ B =_____ b。

20. 在计算机中，1K 是 2 的_____次方。

21. 对西文字符最常用的编码是_____。

22. ASCII 使用_____个字节表示一个字符，其中有效位是_____位。

23. 汉字内码使用_____个字节表示一个汉字，其中有效位是_____。

24. 国标 GB2313—1980 基本字符集中，共收录字符_____个，其中汉字_____个。

25. 存储一个 16×16 点阵汉字，需要_____字节存储空间。

26. 存储一个 32×32 点阵汉字，需要_____字节存储空间。

27. 某计算机的字长为 4 个字节，这意味着在该计算机内作为一个整体加以处理、传送的二进制数码有_____位。

28. 计算机指令是由操作码和_____两部分组成的。

29. 计算机软件系统由系统软件和_____两大部分组成。

30. 操作系统管理功能包括：处理器管理、_____、_____、设备管理和作业管理。

31. 操作系统是用来管理计算机_____资源，控制计算机工作流程，并能方便_____使用计算机的一系列程序的总和。

32. 计算机程序是完成某项任务的_____序列。

33. _____将高级语言写成的源程序，编译成计算机可以重复执行的机器语言程序。

34. 高级语言翻译有_____和_____两种工作方式。

35. 用_____语言编写的程序可由计算机直接执行。

36. 程序设计语言通常分为机器语言、_____和_____三大类。

37. 用某种高级语言编写，人们可以阅读（计算机不一定能直接理解和执行）的程序称为_____。

38. 计算机系统中，高级语言的源程序是通过_____系统建立起来的。

39. 微型计算机的字长取决于_____的宽度。

40. 从计算机部件角度看，计算机硬件包括_____，_____，_____，以及输入设备和输出设备五大部件。

41. 在计算机系统中通常把_____和_____合称为外部设备。

42. 存储器是用来存储程序和_____的。

43. CPU 和内存合在一起称为_____。

44. 时钟周期可反映计算机的_____。

45. CPU 是计算机硬件系统的核心，它由_____组成。

46. CPU 主频也称为_____。

47. CPU 不能直接访问的存储器是_____。

48. 为了区分内存中的不同存储单元，可为每个存储单元分配一个唯一的编号，称为内存_____。

49. 访问一次内存储器所花的时间称为_____。

50. 在内存储器中，只能读出不能写入的存储器叫做_____。

51. 位于 CPU 和内存之间的存储器称为_____。

52. 软盘、硬盘和光盘都是_____存储器。

53. 所谓内存，实际上就是半导体存储器，它们分为随机存储器和_____。

54. 随机存储器的英文缩写为_____。

55. 一张 3.5 英寸高密软盘经格式化后的容量是_____。

56. 对于软盘驱动器，系统一般规定用_____和 B 作为盘符。

57. 从存储器中取出数据的操作称为_____；向存储器中存入新信息，并抹去原有内容的操作称为_____。

58. 移动硬盘和闪存是_____存储器。

59. _____是 CPU 和显示器的接口电路。

60. 显示器上两个相邻像素点间的距离称为_____。

61. _____是光驱的最基本的性能指标。

62. 鼠标一般分为_____两种。

63. 笔记本电脑使用的是_____显示器。

64. 计算机系统中采用的总线通常可分为数据总线、地址总线和_____。

65. 目前计算机上最常用的输入设备有两种，它们是_____。

66. 当前计算机系统最常使用的输出设备是_____和_____。

67. 通常用屏幕水平方向上显示的点数乘以垂直方向上显示的点数来表示显示器的清晰程度，该指标是_____。

68. VGA 是指_____的类型。

69. 显示器有 CRT 和_____两种。

70. 计算机上用于复位启动的按钮位与主机面板上，其英文名称是_____。

71. 打印机按印字方式可分为击打和_____两大类。

72. 计算机病毒主要是通过_____和计算机网络传染的。

73. 计算机病毒除有破坏性、潜伏性和激发性外，还有一个最明显的特性是_____。

74. 计算机病毒通常分为引导型和_____。

75. KV 3000 是一种流行的计算机_____软件的名称。

76. 为了提高口令的安全性，设置的口令要足够长，尽量使用_____、数字及其他符号的混合，不要使用与用户属性相关的易猜测的东西作口令，且应定期_____。

77. 当需要暂时离开自己的计算机时，应当注销_____和锁定_____。

78. 使用_____或者书签将自己经常要访问的网站地址保存下来，需要访问时通过他们快速进入，是防范钓鱼网站的低成本有效方法之一。

79. 中了木马的计算机会被黑客隐秘的远程_____，为了不暴露自己而实现长期隐藏，木马通常不会自我_____去传染更多的文件。流氓软件不会控制用户计算机，也不会传染，但通常会弹出大量_____且很难卸载。

80. 信息的安全是指信息在存储、处理和传输状态下能够保证其_____、_____和_____。

81. 数字签名的特点有_____、_____、_____。

82. 防火墙位于_____和_____之间实施对网络的保护。

83. 计算机病毒具有的特性：_____、_____、_____、_____、针对性、隐蔽性、延伸性。

84. 杀毒软件是专门用于对病毒的_____、_____工具。

85. 网络道德的定义是指以善恶为标准，通过社会舆论内心信念和传统习惯来评价，人们的_____，调节网络时空中人与人之间，以及个人与社会之间关系的_____。

4.1.5　参考答案

(一)单项选择题

1. B 　　　2. C 　　　3. A 　　　4. C 　　　5. C

6. B	7. D	8. C	9. D	10. C
11. C	12. C	13. D	14. C	15. B
16. D	17. B	18. A	19. B	20. C
21. A	22. A	23. A	24. D	25. B
26. B	27. D	28. D	29. C	30. B
31. B	32. D	33. D	34. C	35. A
36. A	37. A	38. C	39. C	40. A
41. B	42. B	43. B	44. B	45. D
46. C	47. A	48. C	49. B	50. B
51. A	52. B	53. C	54. D	55. A
56. A	57. C	58. B	59. A	60. D
61. B	62. C	63. A	64. C	65. A
66. C	67. A	68. D	69. C	70. B
71. B	72. B	73. D	74. B	75. D
76. A	77. B	78. C	79. D	80. B
81. B	82. D	83. B	84. B	85. B
86. A	87. A	88. D	89. C	90. A
91. C	92. C	93. C	94. B	95. D
96. C	97. B	98. B	99. A	100. C
101. B	102. B	103. D	104. D	105. A
106. A	107. C	108. C	109. A	110. B
111. C	112. B	113. B	114. D	115. B
116. A	117. D	118. B	119. B	120. A
121. B	122. B	123. A	124. B	125. B
126. D	127. D	128. D	129. D	130. B
131. A	132. D	133. B	134. B	135. D
136. B	137. D	138. C	139. D	140. B
141. D	142. D	143. D	144. C	145. C
146. A	147. D	148. A	149. C	150. A
151. B	152. C	153. C	154. C	155. C
156. A	157. A	158. C	159. D	160. B
161. A	162. C	163. D	164. B	165. C
166. D	167. C	168. A	169. C	170. B
171. B	172. D	173. D	174. A	175. C
176. C	177. D	178. B	179. D	180. D
181. C	182. D	183. C	184. A	185. C
186. B	187. B	188. B	189. D	190. C

191. A	192. D	193. B	194. D	195. B
196. D	197. D	198. B	199. D	200. B
201. A	202. A	203. D	204. B	205. A
206. B	207. B	208. A	209. A	210. A
211. B	212. B	213. C	214. D	215. A
216. B	217. A	218. D	219. C	220. B
221. A	222. C	223. B	224. D	225. C
226. C	227. D	228. C	229. D	230. B
231. D	232. B	233. D	234. A	235. C
236. D	237. A	238. A	239. D	240. A
241. B	242. B	243. C	244. C	245. B
246. D	247. B	248. B	249. B	250. D
251. B	252. D	253. B	254. C	255. B
256. D	257. C	258. B	259. D	260. D
261. C	262. B	263. A	264. D	265. C
266. D	267. D	268. B	269. D	270. A
271. B	272. D	273. B	274. D	275. C
276. B	277. C	278. C	279. D	280. A
281. C	282. C	283. A	284. C	285. D
286. D	287. D	288. C	289. A	290. C
291. B	292. A	293. B	294. B	295. A
296. D	297. D	298. D		

(二)多项选择题

1. ABCD	2. ABDE	3. ABD	4. ADE	5. ABD
6. BCD	7. BCDE	8. BCD	9. AE	10. BD
11. ACDE	12. ACD	13. AB	14. DE	15. BCD
16. BCD	17. ABD	18. ABDE	19. BE	20. ACE
21. AC	22. ABD	23. AB	24. CE	25. ABC
26. BD	27. ABCD	28. BDE	29. ABCDE	30. BCD
31. ACD	32. ABD	33. ABD	34. BD	35. ABCD
36. BCD	37. BCD	38. AD	39. AD	40. ACD
41. ABD	42. ABC	43. ABC	44. ACD	45. BC
46. BD	47. AD	48. AB	49. ACD	50. ABD
51. AC	52. AB	53. AB	54. ACD	55. ABC
56. AB	57. AD	58. ABC		

（三）是非判断题

1. × 2. √ 3. √ 4. × 5. × 6. √ 7. × 8. × 9. × 10. √
11. × 12. √ 13. × 14. √ 15. × 16. × 17. √ 18. √ 19. × 20. √
21. × 22. √ 23. × 24. × 25. √ 26. × 27. × 28. √ 29. √ 30. ×
31. √ 32. √ 33. × 34. √ 35. × 36. × 37. × 38. √ 39. √ 40. √
41. × 42. √ 43. √ 44. √ 45. √ 46. × 47. √ 48. √ 49. √ 50. √
51. √ 52. √ 53. × 54. √ 55. √ 56. √ 57. √ 58. √ 59. √ 60. √
61. × 62. √ 63. √ 64. √ 65. √ 66. √ 67. √ 68. √ 69. √ 70. √
71. × 72. × 73. √ 74. √ 75. √ 76. × 77. √ 78. √ 79. √ 80. √
81. √ 82. √ 83. √ 84. √ 85. √ 86. √ 87. √ 88. √ 89. √ 90. √
91. √ 92. √ 93. × 94. √ 95. √ 96. √ 97. × 98. √ 99. √ 100. ×
101. × 102. × 103. × 104. × 105. √ 106. √ 107. √ 108. √ 109. √ 110. √
111. √ 112. × 113. √ 114. × 115. √ 116. √ 117. × 118. × 119. √ 120. √
121. × 122. √ 123. × 124. √ 125. × 126. √ 127. √ 128. √ 129. √ 130. ×
131. × 132. × 133. √ 134. × 135. √ 136. ×

（四）填空题

1. 1946，美国，ENIAC 　2. 晶体管 　3. 四
4. 冯·诺依曼 　5. 微型计算机 　6. CAD
7. 2，1 　8. R，R-1 　9. 0 ~ 255
10. 1100100，64 　11. 1100110，146 　12. 111111，63
13. D945 　14. 16，F 　15. 65536
16. 360，180 　17. 1024，1024 　18. 位，字节
19. 65536，524288 　20. 10 　21. ASCII
22. 1，（低）7 　23. 2，14（每个字节低 7 位）24. 7445，6763
25. 32 　26. 128 　27. 32
28. 操作数 　29. 应用软件 　30. 存储器管理，文件管理
31. 软硬件，用户 　32. 指令 　33. 编译程序
34. 编译，解释 　35. 机器 　36. 汇编语言和高级语言
37. 源程序 　38. 编辑 　39. 数据总线
40. 运算器，控制器，存储器 　41. 输入设备，输出设备 　42. 数据
43. 主机 　44. 运行速度 　45. 控制器和运算器
46. 时钟频率 　47. 外存 　48. 地址
49. 存储周期 　50. 只读存储器（ROM） 　51. Cache（高速缓存）
52. 外 　53. 只读存储器 　54. RAM
55. 1.44MB 　56. A 　57. 读出，写入
58. 外 　59. 显卡 　60. 点距

61. 数据传输率　　　62. 机械式和光电式　　　63. 液晶（LCD）

64. 控制总线　　　65. 键盘和鼠标　　　66. 显示器，打印机

67. 分辨率　　　68. 显卡　　　69. LCD（液晶）

70. Reset　　　71. 非击打　　　72. 磁盘

73. 传染性　　　74. 文件型　　　75. 杀病毒

76. 大小写字母，更换　　　77. 登录，计算机　　　78. 收藏夹

79. 控制，繁殖或复制，广告　　　80. 完整性，保密性，可用性

81. 不可抵赖，不可伪造，不可重用　　　82. 被保护网络，外部网络

83. 传染性，潜伏性，可触发性，破坏性　　　84. 防阻，清除

85. 上网行为，行为规范

4.2　网络基础知识

4.2.1　单项选择题

1. IP 地址 67.123.35.54 是_____。
   A. A 类地址　　　　　　　　B. B 类地址
   C. C 类地址　　　　　　　　D. D 类地址

2. 拥有计算机并以拨号方式接入网络的用户需要使用_____。
   A. CD-ROM　　　　　　　　B. 鼠标
   C. 电话机　　　　　　　　　D. Modem

3. 局域网常用的传输介质有同轴电缆、双绞线和_____。
   A. 光缆　　　　　　　　　　B. 电话线
   C. 有线电波　　　　　　　　D. 公用天线

4. 下列不是计算机网络拓扑结构的是_____。
   A. 星型结构　　　　　　　　B. 单线结构
   C. 总线结构　　　　　　　　D. 环形结构

5. 局域网常用的基本拓扑结构有环型、星型和_____。
   A. 层次型　　　　　　　　　B. 总线型
   C. 交换型　　　　　　　　　D. 分组型

6. OSI 的中文含义是_____。
   A. 网络通信协议　　　　　　B. 国家信息基础设施
   C. 公共数据通信网　　　　　D. 开放系统互联参考模型

7. 下列 4 项中，合法的电子邮件地址是_____。
   A. Zhang-em.xing.com.cn　　　B. em.xing.com.cn-zhang
   C. em.xing.com.cn@zhang　　　D. Zhang@em.xing.com.cn

8. 实现计算机间的连网需要硬件和软件，其中，负责管理整个网络各种资源、协调各种操作的软件叫做_____。

A. 网络应用软件   B. 通信协议软件

    C. OSI   D. 网络操作系统

9. FTP 的意思是_____。

    A. 超文本传输协议   B. 搜索引擎

    C. 文件传输协议   D. 广域信息服务器

10. 调制是指_____。

    A. 把模拟信号转换成数字信号   B. 把数字信号转换成模拟信号

    C. 把电信号转换成光信号   D. 把光信号转换成电信号

11. OSI(开放系统互联)参考模型的最底层是_____。

    A. 传输层   B. 网络层

    C. 物理层   D. 应用层

12. TCP/IP 是一组_____。

    A. 局域网技术

    B. 广域网技术

    C. 支持同一种计算机(网络)互联的通信协议

    D. 支持异种计算机(网络)互联的通信协议

13. 计算机网络的目标是实现_____。

    A. 资源共享和信息传输   B. 数据处理

    C. 文献查询   D. 信息传输和数据处理

14. 目前在 Internet 上提供的主要应用有电子邮件、WWW 浏览、远程登录和_____。

    A. 文件传输   B. 协议转换

    C. 光盘检索   D. 电子图书馆

15. 调制解调器的功能是实现_____。

    A. 数字信号的编码   B. 数字信号的整形

    C. 模拟信号的放大   D. 数字信号与模拟信号的转换

16. 计算机网络最突出的优点是_____。

    A. 运行速度快   B. 存储容量大

    C. 资源共享   D. 运算精度高

17. 已知接入 Internet 的计算机用户名为 Xinhua，而连接服务主机名为 mail.xxx.com.cn，相应的电子邮件地址应为_____。

    A. XinhuA.mail@xxx.com.cn   B. @XinhuA.mail.xxx.com.cn

    C. Xinhua@mail.xxx.com.cn   D. mail.xxx.com.cn@Xinhua

18. 浏览网页可以使用以下_____软件。

    A. 网络快车   B. Microsoft Internet Explorer

    C. Outlook Express   D. 极品飞车

19. Internet 上许多复杂网络和许多不同类型的计算机之间能够互相通信的基础

是_____。
    A. X.25   B. Novell
    C. ATM   D. TCP/IP

20. 个人计算机一旦申请了账号并采用 PPP 拨号方式接入 Internet 后，该机便_____。
    A. 拥有独立的 IP 地址   B. 拥有固定的 IP 地址
    C. 没有自己的 IP 地址   D. 拥有提供服务的主机的 IP 地址

21. 在下列网络中，不属于局域网络的是_____。
    A. 以太网   B. WAN
    C. 3+网   D. Novell 网

22. Novell 网络使用的网络操作系统是_____。
    A. Windows NT   B. Windows 98
    C. Netware   D. DOS

23. 调制解调器的英文名字是_____。
    A. Modem   B. Bridge
    C. Route   D. Gateway

24. WWW 的中文名称是_____。
    A. 电子数据交互   B. 万维网
    C. 电子商务   D. 综合业务数据网

25. HTTP 的意思是_____。
    A. 超文本传输协议   B. 文件传输协议
    C. 搜索引擎   D. 广域信息服务器

26. 信息高速公路传送的是_____。
    A. 多媒体信息   B. 十进制数据
    C. ASCII 码数据   D. 系统软件与应用软件

27. 在 Internet 中，电子公告板的英文缩写是_____。
    A. E-mail   B. BBS
    C. FTP   D. WWW

28. 电子邮件的英文是_____。
    A. Web   B. WWW
    C. E-mail   D. FTP

29. 下面 4 条关于防火墙(Firewall)的叙述中，正确的一条是_____。
    A. 用于预防计算机被火灾烧毁
    B. 是 Internet 与 Intranet(内部网)之间所采取的一种安全措施
    C. 对计算机房采取的防火措施
    D. 主要用于解决计算机的使用者的安全问题

30. 电子邮件的特点之一是_____。

A. 比邮政信函、电报、电话、传真都更快

B. 在通信双方的计算机都开机工作的情况下可快速传递数字信息

C. 采用存储-转换方式在网络上逐步传递信息，不像电话那样直接、及时，但费用较低

D. 只要在通信双方的计算机之间建立起直接的通信线路后，便可快速传递数字信息

31. HTML 的意思是_____。

A. Internet 协议
B. 浏览器标记语言
C. 超文本传输协议
D. 超文本标记语言

32. 计算机网络按照联网的计算机所处位置的远近不同可分为_____。

A. 城域网络和远程网络
B. 局域网络和广域网络
C. 远程网络和广域网络
D. 局域网络和以太网络

33. 局域网络的简称是_____。

A. LAN
B. WAN
C. MAN
D. CN

34. CERNET 是_____。

A. 中国国家计算与网络设施工程

B. 中国教育和科研计算机网

C. 综合服务(业务)数字网

D. 国家公用经济信息通信网

35. 在下面 4 条叙述中，正确的一条是_____。

A. 实现计算机联网的最大好处是能够实现资源共享

B. 局域网络(LAN)比广域网络(WAN)大

C. 电子邮件只能传送文本文件

D. 在计算机网络中，有线网和无线网使用的传输介质均为双绞线、同轴电缆或光纤

36. 以下各项中，合法的 IP 地址是_____。

A. 192.168.1.1
B. 61.139.2
C. 72.136.12.350
D. 75.55.12.a1

37. 下列域名中，属于教育机构的是_____。

A. ftp.bta.net.cn
B. ftp.cn.cac.cn
C. www.ioa.ac.cn
D. www.pku.edu.cn

38. 下列各项中，不能作为 IP 地址的是_____。

A. 192.256.1.1
B. 61.139.2.1
C. 72.136.12.250
D. 75.55.12.1

39. 关于电子邮件，下列说法中错误的是_____。

A. 发送电子邮件需要 E-mail 软件支持

B. 发件人必须有自己的 E-mail 账号

    C. 收件人必须有自己的邮政编码

    D. 必须知道收件人的 E-mail 地址

40. 收藏夹是用来_____。

    A. 记忆感兴趣的页面地址   B. 记忆感兴趣的页面内容

    C. 收集感兴趣的文件内容   D. 收集感兴趣的文件名

41. 与广域网相比，有关局域网特点的描述不正确的是_____。

    A. 较低的误码率   B. 较低的传输速率

    C. 覆盖范围在几公里之内   D. 较高的传输速率

42. 以下 IP 地址中，属于 A 类地址的是_____。

    A. 150.85.52.1   B. 123.245.45.52

    C. 202.115.75.52   D. 195.85.65.5

43. 以下 4 个中国的计算机网络中，不能直接与 Internet 相连的是_____。

    A. CHINAABC   B. CERNET

    C. CHINAGBN   D. CSTNET

44. 以下各项中，不能作为域名的是_____。

    A. www.abc.edu.cn   B. www.dux.edu.cn

    C. ftp.abc.edu.cn   D. www.xyz.edu.cn

45. 世界公认的较早出现的计算机网络是_____。

    A. Ethernet   B. Internet

    C. Novell   D. ARPANET

46. Internet 中的 IP 地址分为_____类。

    A. 3   B. 5

    C. 7   D. 9

47. 衡量网络上数据传输速率的单位是 bps，其含义是_____。

    A. 每秒传送多少个字节   B. 每秒传送多少个字

    C. 每秒传送多少公里   D. 每秒传送多少个二进制位

48. 当进行网络互联时，若总线网的网段已超过最大距离，可用_____来增加信号，以便使信号传输更远距离。

    A. 中继器   B. 路由器

    C. 网关   D. 网桥

49. IP 地址 138.34.45.0 是_____。

    A. A 类地址   B. B 类地址

    C. C 类地址   D. D 类地址

50. 下列 4 项中，_____不是电子邮件地址的组成部分。

    A. 用户名   B. @符号

    C. 口令   D. 主机域名

51. 发送邮件的服务器和接收邮件的服务器_____。
    A. 必须是同一主机　　　　　　B. 可以是同一主机
    C. 必须是两台主机　　　　　　D. 以上说法都不对

52. 关于发送邮件的说法不正确的有_____。
    A. 可以发送文本文件　　　　　B. 可以发送非文本文件
    C. 可以发送所有格式的文件　　D. 只能发送超文本文件

53. 不属于浏览器软件的是_____。
    A. WWW　　　　　　　　　　B. Internet Explorer
    C. Netscape Navigator　　　　D. Mosaic

54. 在浏览某些中文网页时，出现乱码的原因是_____。
    A. 所使用的操作系统不同　　　B. 传输协议不一致
    C. 中文系统的内码不同　　　　D. 浏览器软件不同

55. 下列对 Internet 说法不正确的是_____。
    A. 客户机上运行的是 WWW 浏览器
    B. 服务器上运行的 Web 页面文件
    C. 服务器上运行的 Web 服务程序
    D. 客户机上运行的是 Web 页面文件

56. IP 地址由一组_____的二进制数字组成。
    A. 8 位　　　　　　　　　　B. 16 位
    C. 32 位　　　　　　　　　D. 64 位

57. 启动 Internet Explorer 就自动访问的网址，可以在哪个地方设置_____。
    A. Internet 选项中"常规"的地址栏
    B. Internet 选项中"安全"的地址栏
    C. Internet 选项中"内容"的地址栏
    D. Internet 选项中"连接"的地址栏

58. 下列域名是属于政府网的是_____。
    A. www.scit.com.us　　　　　B. www.scit.edu.cn
    C. www.scit.gov.cn　　　　　D. www.scit.mil.us

59. OSI(开放系统互连)参考模型的最高层是_____。
    A. 表示层　　　　　　　　　B. 网络层
    C. 应用层　　　　　　　　　D. 会话层

60. 在拨号网络使用 IE 浏览器前必须完成三项准备工作，其中不包括_____。
    A. 准备好声卡
    B. IE 软件的正确安装
    C. Windows 中拨号网络的设置
    D. 调制解调器的连接与设置

61. 下列_____上网方式的计算机得到的 IP 地址是一个临时的 IP 地址。

A. 以终端方式上网的计算机

B. 以拨号方式上网的计算机

C. 以局域网专线方式上网的计算机

D. 以主机方式上网的计算机

62. 电子邮件的主要功能是：建立电子邮箱、生成邮件、发送邮件和_____。

    A. 接收邮件　　　　　　　　B. 处理邮件

    C. 修改电子邮箱　　　　　　D. 删除邮件

63. 下面关于 TCP/IP 的说法中不正确的是_____。

    A. 这是 Internet 之间进行数据通信时共同遵守的各种规则的集合

    B. 这是把 Internet 中大量网络和计算机有机地联系在一起的一条纽带

    C. 这是 Internet 实现计算机用户之间数据通信的技术保证

    D. 这是一种用于上网的硬件设备

64. 域名 indi.shcnc.ac.cn 表示主机名的是_____。

    A. indi　　　　　　　　　　B. shcnc

    C. ac　　　　　　　　　　　D. cn

65. 不属于 Internet 的资源是_____。

    A. E_mail　　　　　　　　　B. FTP

    C. Telnet　　　　　　　　　D. Telephone

66. 下列说法中不正确的是_____。

    A. 调制解调器是局域网络设备

    B. 集线器(Hub)是局域网络设备

    C. 网卡(NIC)是局域网络设备

    D. 中继器(Repeater)是局域网络设备

67. 在 Outlook Express 中发送图片文件的方式是_____。

    A. 把图片粘贴在邮件内容后

    B. 把图片粘贴在邮件内容前

    C. 把图片粘贴在邮件内容中

    D. 把图片作为邮件的附件发送

68. Internet 中，DNS 指的是_____。

    A. 动态主机　　　　　　　　B. 接收邮件的服务器

    C. 发送邮件的服务器　　　　D. 域名系统

69. 下列哪个 IP 地址是 B 类 IP 地址_____。

    A. 202.115.148.33　　　　　B. 126.115.148.33

    C. 191.115.148.33　　　　　D. 238.115.148.33

70. 下面关于 TCP/IP 的说法中，_____是不正确的。

    A. TCP/IP 协议定义了如何对传输的信息进行分组

    B. IP 协议是专门负责按地址在计算机之间传递信息

C. TCP/IP 协议包括传输控制协议和网际协议

D. TCP/IP 协议是一种计算机编程语言

71. 下列哪种上网方式的计算机不需设定本机 IP 地址_____。

A. 以终端方式上网的计算机

B. 以拨号方式上网的计算机

C. 以局域网专线方式上网的计算机

D. 以主机方式上网的计算机

72. 在计算机网络中，通常把提供并管理共享资源的计算机称为_____。

A. 服务器　　　　　　　　　　B. 工作站

C. 网关　　　　　　　　　　　D. 网桥

73. 电子邮件地址由两部分组成，即用户名@_____。

A. 文件名　　　　　　　　　　B. 主机名

C. 匿名　　　　　　　　　　　D. 设备名

74. 以下关于 IP 地址叙述正确的是_____。

A. IP 地址就是联网主机的网络号

B. IP 地址可由用户任意指定

C. IP 地址是由主机名和域名组成

D. IP 地址由 32 个二进制位组成

75. 下列不完全的 URL 地址是_____。

A. www.scit.edu.cn　　　　　　B. ftp://www.scit.edu.cn

C. WAIS:// www.scit.edu.cn　　D. News://www.scit.edu.cn

76. 在 Internet 上进行的应用主要有电子邮件、_____、文件传输、信息检索等。

A. 学术交流　　　　　　　　　B. 发布信息

C. 远程登录　　　　　　　　　D. 传送广告

77. 对 Internet 中 DNS 说法错误的是_____。

A. DNS 是域名服务系统

B. DNS 不能把 IP 地址转换为域名

C. DNS 的作用是将域名转换为 IP 地址

D. DNS 规定域名命名规则

78. 数据传输速率的单位是 Mbps 指的是_____。

A. 每秒钟传输多少兆字节　　　B. 每分钟传输多少兆字节

C. 每秒钟传输多少兆位　　　　D. 每分钟传输多少兆位

79. TCP 协议对应于 OSI 七层协议的_____。

A. 会话层　　　　　　　　　　B. 物理层

C. 传输层　　　　　　　　　　D. 数据层

80. IP 协议对应于 OSI 七层协议的_____。

A. 会话层   B. 物理层

    C. 网络层   D. 数据层

81. 以下关于进入 Web 站点的说法正确的是_____。

    A. 只能输入 IP   B. 需同时输入 IP 地址和域名

    C. 只能输入域名   D. 可以通过输入 IP 地址或域名

82. 下列 IP 地址是 D 类 IP 地址的是_____。

    A. 202.115.148.33   B. 126.115.148.33

    C. 191.115.148.33   D. 240.115.148.33

83. WWW 的全名正确的是_____。

    A. Word Wide Web   B. World Wide Web

    C. World Web Wide   D. Web Word Wide

84. 设置 Modem 可以通过 Windows 上的_____设置。

    A. 我的电脑→控制面板→调制解调器

    B. 桌面→网络→调制解调器

    C. 我的电脑→网络→调制解调器

    D. 桌面→控制面板→调制解调器

85. 在 TCP/IP 属性框中我们主要设置的是_____。

    A. TCP 协议   B. IP 协议

    C. IP 域名命名规则   D. IP 地址

86. 在浏览网页时，若超链接以文字方式表示时，文字上通常带有_____。

    A. 引号   B. 括号

    C. 下划线   D. 方框

87. 一座大楼内的一个计算机网络系统属于_____。

    A. PAN   B. LAN

    C. MAN   D. WAN

88. 一个网络要正常工作，需要有_____的支持。

    A. 多用户操作系统   B. 批处理操作系统

    C. 分时操作系统   D. 网络操作系统

89. Internet 上的资源分为_____两类。

    A. 计算机和网络   B. 信息和网络

    C. 信息和服务   D. 浏览和邮件

90. 在 Outlook Express 的发送邮件界面中，"抄送"的作用是_____。

    A. 把信件发给发件人   B. 把信件发给收件人

    C. 把信件附带发给其他人   D. 没有任何作用

91. Internet Explorer 是在_____操作系统下运行的软件。

    A. DOS   B. Windows

    C. UNIX   D. Netware

92. 下列说法不正确的是_____。

    A. Internet Explorer 可以发邮件

    B. Internet Explorer 不能发邮件

    C. Internet Explorer 的默认的邮件接收软件是 Outlook Express

    D. Internet Explorer 的默认的邮件发送软件是 Outlook Express

93. Intranet 是_____。

    A. 局域网　　　　　　　　　B. 广域网

    C. 企业内部网　　　　　　　D. Internet 的一部分

94. 某用户的 E-mail 地址是 Lu-sp@online.sh.cn，那么它发送邮件的服务器是_____。

    A. online.sh.cn　　　　　　　B. Internet

    C. Lu-sp　　　　　　　　　　D. Iwh.com.cn

95. 下列关于网络信息安全的叙述，不正确的是_____。

    A. 网络环境下的信息系统比单机系统复杂，信息安全环境比单机更加难以得到保障

    B. 不使用软盘，就不会传染计算机病毒

    C. 防火墙是保障单位内部网络不受外部攻击的有效措施之一

    D. 网络安全的核心是操作系统的安全性，它涉及信息在存储和处理状态下的保护问题

96. 计算机网络是按照_____相互通信的。

    A. 信息交换方式　　　　　　B. 传输装置

    C. 网络协议　　　　　　　　D. 分类标准

97. 网络接口卡的基本功能包括：数据转换、通信服务和_____。

    A. 数据传输　　　　　　　　B. 数据缓存

    C. 数据服务　　　　　　　　D. 数据共享

98. 以下 IP 地址中为 C 类地址的是_____。

    A. 123.213.12.23　　　　　　B. 213.123.23.12

    C. 23.123.213.23　　　　　　D. 132.123.32.12

99. HTML 语言是一种_____。

    A. 标注语言　　　　　　　　B. 机器语言

    C. 汇编语言　　　　　　　　D. 算法语言

100. 有关 IP 电话，以下_____是错误的。

    A. IP 电话的通信信道是 Internet

    B. IP 电话传输的是分组包

    C. IP 电话价格便宜

    D. IP 电话只能通过计算机才能拨打

101. ISDN 的含义是_____。

  A. 计算机网   B. 广播电视网

  C. 综合业务数字网   D. 同轴电缆网

102. TCP 协议的主要功能是_____。

  A. 数据转换   B. 分配 IP 地址

  C. 路由控制   D. 分组及差错控制

103. 以下_____不是计算机网络的主要功能。

  A. 信息交换   B. 资源共享

  C. 分布式处理   D. 并发性

104. 关于邮件账号设置的说法中正确的是_____。

  A. 接收邮件服务器使用的邮件协议名，一般采用 POP3 协议

  B. 接收邮件服务器的域名或 IP 地址，应填入你的电子邮件地址

  C. 发送邮件服务器域名或 IP 地址必须与接收邮件服务器相同

  D. 发送邮件服务器域名或 IP 地址必须选择一个其他的服务器地址

105. 建立一个计算机网络需要有网络硬件设备和_____。

  A. 体系结构   B. 资源子网

  C. 网络操作系统   D. 传输介质

106. 信号的电平随时间连续变化，这类信号称为_____。

  A. 模拟信号   B. 传输信号

  C. 同步信号   D. 数字信号

107. 数据通信过程中，将模拟信号还原成数字信号的过程称为_____。

  A. 调制   B. 解调

  C. 流量控制   D. 差错控制

108. Internet 与 WWW 的关系是_____。

  A. 都表示互联网，只不过名称不同

  B. WWW 是 Internet 上的一个应用功能

  C. Internet 与 WWW 没有关系

  D. WWW 是 Internet 上的一种协议

109. 计算机网络拓扑是通过网络中结点与通信线路之间的几何关系来反映网络中各实体间的_____。

  A. 结构关系   B. 逻辑关系

  C. 层次关系   D. 服务关系

110. 接入 Internet 网，从大的方面看，有_____两种方式。

  A. 专用线路接入和 DDN   B. 专用线路接入和电话线拨号

  C. 电话线拨号和 PPP/SLIP D. 仿真终端和专用线路接入

111. 下面_____可能是一个合法的域名。

  A. ftp.pchome.cn.com   B. www.cti.cn.net

  C. www.exd.edu.cn   D. pcho.ftp.com.cn

112. 用户拨号上网时，Internet 服务提供商一般会_____。

    A. 指定用户的拨号接入电话   B. 给用户指定一个固定的口令

    C. 给用户决定接入的用户名   D. 指定用户上网的 IP 地址

113. 在以下 4 个 WWW 网址中，不符合 WWW 网址书写规则的网址是_____。

    A. www.853.org.cn   B. www.sina.com

    C. www.he.cn.edu   D. www.ta.net.jp

114. 浏览器的标题栏显示"脱机工作"则表示_____。

    A. 计算机没有连接 Internet   B. 计算机没有开机

    C. 浏览器没有联机工作   D. 以上说法都不对

115. 单击 IE 中工具栏命令"刷新"按钮，下面有关叙述一定正确的是_____。

    A. 可以更新当前浏览器的设定

    B. 可以更新当前显示的网页

    C. 可以终止当前显示的传输，返回空白页面

    D. 以上说法都不对

116. 应用代理服务器访问 Internet 一般是因为_____。

    A. 通过拨号方式上网时

    B. 通过局域网上网时

    C. 多个计算机利用仅有的一个 IP 地址访问 Internet

    D. 以上说法都不对

117. 邮件服务器的邮件发送协议是_____。

    A. SMTP   B. PPP

    C. HTML   D. POP3

118. 邮件服务器的邮件接收协议是_____。

    A. SMTP   B. PPP

    C. HTML   D. POP3

119. 保证网络安全的最主要因素是_____。

    A. 拥有最新的防毒防黑软件   B. 使用者的计算机安全素养

    C. 使用高档机器   D. 安装多层防火墙

4.2.2　多项选择题

1. 根据网络覆盖的地理范围的大小，计算机网络可以分为_____。

    A. 广域网   B. 城域网

    C. 局域网   D. Novell 网

2. 下列域名既不是政府网，也不是商业网的是_____。

    A. www.scit.com.us   B. www.scit.edu.cn

    C. www.scit.gov.cn   D. www.scit.mil.us

3. 每一个主页都有一个名称，此名称可为_____。

A. 域名　　　　　　　　　　　B. E-mail

C. IP 地址　　　　　　　　　　D. 新闻组

4. 以下哪些是 Internet 的应用_____。

A. 电子邮件　　　　　　　　　B. 万维网

C. 文件传输　　　　　　　　　D. 远程登录

5. 超文本的含义是_____。

A. 信息的表达形式

B. 可以在文本文件中加入图片、声音等

C. 信息间可以相互转换

D. 信息间的超链接

6. Internet 的特点是_____。

A. Internet 的核心是 TCP/IP 协议

B. Internet 可以与公共电话交换网互联

C. Internet 是广域网络

D. Internet 可以发电子邮件

7. 以下关于 IP 地址说法正确的是_____。

A. IP 地址是 TCP/IP 协议的内容之一

B. 当 Internet 的用户拨号上网时，ISP 会给用户静态地分配一个地址

C. IP 地址一共有 32 位，由 4 个 8 位组成

D. IP 地址一共有 12 位，由 4 个 3 位组成

E. Internet 上每台主机都有各自的 IP 地址

8. 以下关于 Internet 中 DNS 说法正确的是_____。

A. DNS 是域名服务系统的简称

B. DNS 是把难记忆的 IP 地址转换为人们容易记忆的字母形式

C. DNS 按分层管理，cn 是顶级域名，表示中国

D. 一个后缀为.gov 的网站，表明它是一个政府组织

E. 一个后缀为.gov 的网站，表明它是一个商业公司

9. 一般来说，适合用来组织局域网的拓扑结构是_____。

A. 总线型网　　　　　　　　　B. 星型网

C. 环型网　　　　　　　　　　D. 分布式网

10. Internet 电话业务指的是通过 Internet 实时传送语音信息的服务，它与传统的国际长途电话相比有明显的优点，关于这些优点下列说法正确的是_____。

A. 能在特定时间间隔内保证发送声音

B. 相比传统长途电话，Internet 电话成本低廉

C. 目前 Internet 电话有着完善的传输可靠性和完善的电话传送协议

D. Internet 电话有普通电话不具备的一些功能

E. 传统长途电话不可靠

11. 下列有关 Internet 能够吸引人原因的说法正确的是_____。

    A. Internet 提供了丰富信息资源

    B. Internet 提供了富有想象力的交流功能

    C. Internet 不具有交互性

    D. Internet 具有及时反馈的特征

    E. Internet 可以使每个人赚大钱

12. 在选购 Modem 时，应注意的重要性能指标为_____。

    A. 传输速率   B. 纠错能力

    C. Modem 的类型   D. 接口方式

    E. 是否美观

13. 下列 IP 地址是 D 类 IP 地址的有_____。

    A. 224.115.148.33   B. 126.115.148.33

    C. 191.115.148.33   D. 239.115.148.33

14. 下列关于新闻组的说法，正确的有_____。

    A. 用户必须通过新闻服务器才能访问新闻组

    B. 是 Internet 上的自由讨论区

    C. 任何人都可以参加

    D. 一个用户可同时预订多个新闻组

    E. 就是 BBS

15. 想用 IE 浏览某网站时，可以_____。

    A. 在地址栏中输入该网站的网址

    B. 单击“文件”菜单的“打开”菜单项

    C. 单击“收藏”按钮，选择并单击该网站

    D. 打电话给该网站的网管

    E. 发 E-mail 给该网站的网管

16. 如果有一个电子邮箱地址为 cl@pub1.qz.fj.cn，则下列说法中正确的有_____。

    A. cl@pub1.qz.fj.cn 是 E-mail 地址全称

    B. cl 是指用户在 ISP 的邮箱代号

    C. pub1.qz.fj.cn 是指邮件服务器的地址

    D. pub1 是指邮件服务器主机名

    E. 这个地址是唯一的

17. 社会保险服务上网后，我们可以查阅有关的政策信息、个人缴费记录等资料，但不可能实现如下操作_____。

    A. 修改自己缴费记录

    B. 对记录资料有疑问后，进行核查

    C. 发 E-mail 给社会保险部门，提出建议

D.　获得咨询服务

    E.　私自通过网络降低自己的缴款额度

18.　接入 Internet 后，想查看网上的信息，可以选择_____软件。

    A.　Internet Explorer   B.　Netscape Navigator

    C.　Outlook Express   D.　Word 97

19.　为防止计算机病毒的侵入，在网络上进行操作时应注意的事项有_____。

    A.　下载文件时应考虑其节点是否可靠

    B.　事先预装杀毒软件

    C.　收到来历不明电子邮件时，先不要随意下载

    D.　对电子邮件中的附件应特别注意

    E.　不收电子邮件

20.　在 Internet 上做商业广告是目前美国最时髦的广告宣传业务，Internet 广告的特点有_____。

    A.　强迫性   B.　观众可统计性

    C.　交互性   D.　广域性

21.　除了一般计算机所能做的事情外，Internet 还能给人们提供许多方面的功能。对于目前的 Internet 可以做到的是_____。

    A.　帮助我们学习使用信息资源的技能

    B.　增加了我们接触世界的机会

    C.　使每个人都成为计算机高手

    D.　使每个人都成为正直的人

22.　网络世界与现实世界一样，有好的一面也有坏的一面。大部分家长都认为：色情、暴力以及过度商业化是网络中不好的一面。目前，为控制儿童使用 Internet，使儿童免受不良影响，可采取许多种方法，如_____。

    A.　选择能为父母提供入网锁装置的商业服务网

    B.　安装家长控制软件

    C.　锁住计算机，禁止孩子上网

    D.　安装网页过滤软件

23.　拨号上网可以不用的是_____。

    A.　电话机   B.　音箱

    C.　ISP 提供的电话号码   D.　麦克风

24.　对 IP 地址说法正确的是_____。

    A.　IP 地址每一个字节的最大十进制整数是 256

    B.　IP 地址每一个字节的最大十进制整数是 255

    C.　IP 地址每一个字节的最小十进制整数是 0

    D.　IP 地址每一个字节的最大十进制整数是 1

25.　Internet 已在我国广泛使用，在它的许多功能中，使用频率最高的两种功能

是_____。

    A. 远程登录   B. 文件传送

    C. 电子邮件   D. WWW 浏览

26. 计算机网络通信协议的功能有_____。

    A. 差错检测和纠正   B. 流量控制

    C. 分块和重装   D. 分组排序

27. 下列 IP 地址是 A 类 IP 地址的有_____。

    A. 1.115.148.33   B. 50.115.148.33

    C. 126.115.148.33   D. 227.115.148.33

28. 计算机网络的拓扑结构有_____。

    A. 总线型   B. 星型

    C. 环型   D. 树型

29. 目前，人们上网可以通过_____设备来使用 Internet。

    A. 市话网   B. 有线电视网

    C. 局域网   D. 全球通电话

30. 对 TCP/IP 协议说法正确的是_____。

    A. TCP 协议对应 OSI 七层协议中的网络层

    B. TCP 协议对应 OSI 七层协议中的传输层

    C. IP 协议对应 OSI 七层协议中的网络层

    D. IP 协议对应 OSI 七层协议中的传输层

31. 关于 Internet 的认识，正确的有_____。

    A. Internet 是一种用于与其他人有效交流的媒介

    B. Internet 是一种用于信息检索的机制

    C. Internet 并不为任何政府、公司和大学所独有

    D. Internet 的功能和费用是不变的

    E. Internet 就像一个信息海洋

32. 域名 indi.shcnc.ac.cn 不表示主机名的是_____。

    A. indi   B. shcnc

    C. ac   D. cn

33. Internet 网络上的应用有_____。

    A. WWW   B. E-mail

    C. Telnet   D. FTP

34. 下列不属于 WWW 浏览器的软件是_____。

    A. Navigator   B. Internet Explorer

    C. WWW   D. Word

35. Internet 为我们提供_____。

    A. 电子邮件、新闻讨论组   B. 文件传输、万维网

C. 实时聊天、网络电话   D. 电子商务、在线游戏

36. Internet 上的邮件协议是_____。
    A. Mine   B. SMTP
    C. mailto   D. TCP/IP

37. 计算机网络使用的介质有_____。
    A. 同轴电缆   B. 双绞线
    C. 光纤   D. 无线介质

38. Outlook Express 的主要特点有_____。
    A. 可以查看多台服务器上的邮件内容
    B. 使用通讯簿存储和检索邮件地址
    C. 可在其中添加个人签名
    D. 发送和接收方便

39. 下列正确的 IP 地址有_____。
    A. 256.256.256.256   B. 0.255.255.255
    C. 0.0.0.256   D. 255.255.255.255

40. 一个 HTML 文件可以链接的文件是_____。
    A. 一个图片文件   B. 一个文本
    C. 一个超文本文件   D. 一个声音文件

41. NC 所需的计算机部件比一般的 PC 少，它可以不需要_____。
    A. CPU   B. 硬盘
    C. 内存条   D. 光驱

42. 中国教育和科研计算机网的 3 个层次是_____。
    A. 全国的主干网   B. 地区网
    C. 城市网   D. 校园网

43. 属于在 TCP/IP 属性框中 IP 标签的选项有_____。
    A. 自动获取 IP 地址   B. IP 地址
    C. 子网掩码   D. 本机的域名

44. 下列属于计算机网络的组网硬件的有_____。
    A. 网卡   B. 路由器
    C. 集线器   D. 交换机

45. 在 IE 浏览器的 URL 窗口中，不仅可以用 http 协议访问超文本信息，而且还可以访问_____。
    A. FTP   B. Gopher
    C. News   D. 邮件

46. World Wide Web 的简称是_____。
    A. WWW   B. W1W
    C. FTP   D. 3W

47. 下列参数，在选择 ISP 时应注意的有_____。
    A. ISP 是否在本地服务　　　　B. ISP 的速率
    C. 网络的可靠性　　　　　　　D. 服务

48. 关于电子邮件，下列简述正确的是_____。
    A. 电子邮件使用户可以方便、快捷地传递邮件
    B. 只要拥有一个 E-mail 地址，任何人都可以向你发送邮件
    C. 邮件可以是文字、声音、录像等
    D. 不必守候在计算机旁，可以在任意地点、使用任何计算机收邮件
    E. 电子邮件的成本比普通邮件低

49. 医疗信息进入国际互联网络大大加快了信息交流的速度，但国际互联网络也不是万能的。以下_____医疗活动是国际互联网络无法替代的。
    A. 病历查询
    B. 查找疾病研究的最新进展情况
    C. 传输所需手术器械
    D. 传送化验报告
    E. 传输所需骨髓

50. 下列 IP 地址中错误的是_____。
    A. 202.115.148.6　　　　　　B. 202.256.143.6
    C. 202.247.55.9　　　　　　　D. 202.221.274.6

51. 通过域名 www.tsinghaua.edu.cn 可以知道，这个域名_____。
    A. 属于中国　　　　　　　　　B. 属于教育机构
    C. 是一个 WWW 服务器　　　　D. 需要拨号上网

52. 以下关于 WWW 的叙述中，正确的叙述为_____。
    A. WWW 是 World Wide Web 的英文缩写
    B. WWW 的中文名是"万维网"
    C. WWW 是一种基于网络的数据库系统
    D. WWW 是 Internet 上的一种电子邮件系统

53. 构造计算机网络的主要目的是_____。
    A. 软、硬件资源共享　　　　　B. 提供多媒体服务
    C. 信息相互传递　　　　　　　D. 提高计算机的速度

54. 与传统的知识媒介，如书本相比，Internet 对人的影响的不同之处有_____。
    A. Internet 上的信息比书本上的更加正式
    B. 网络传输速度快，而书本交流速度相对较慢
    C. Internet 具有交互性，而书本没有
    D. Internet 上的电子信息可与多人同时共享，而书本不行
    E. Internet 的信息比书本更具有权威性

55. Internet 渗透到社会生活的各个方面，远程教育就是其应用的一个领域。下列

说法错误的是_____。

 A. 远程教育就是一般的函授

 B. 教师和学生通过上网使计算机和多媒体视听设备互联，而并不需要他们一定是在同一个地方

 C. 远程教育中，可以实现学生向教师提问

 D. 远程教育的效果与网络的好坏无关

 E. 远程教育的效果与网络的好坏有关

56. 网络黑客是_____。

 A. 网站的安全检测者　　　　　　B. 在网上窃取他人机密者

 C. 破坏网站者　　　　　　　　　D. 传播计算机病毒者

 E. 网站的维护者

57. Windows 提供 Internet 服务的软件有 IIS，我们可以使用 Internet Explorer 享受它的服务。下列叙述正确的是_____。

 A. IIS 是客户机程序．

 B. IIS 是服务器程序

 C. Internet Explorer 是客户机程序

 D. Internet Explorer 是服务器程序

58. 计算机网络的工作模式有_____。

 A. 对等模式　　　　　　　　　　B. 网络模式

 C. 客户机/服务器模式　　　　　　D. 反馈模式

59. 下列 IP 地址是 B 类 IP 地址的是_____。

 A. 127.115.148.33　　　　　　　B. 128.115.148.33

 C. 191.115.148.33　　　　　　　D. 240.115.148.33

60. 关于 E-mail 地址 user@public.qz.fj.cn，说法正确的是_____。

 A. 该收件人标识为 user

 B. 该邮件服务器设在中国

 C. 该邮件服务器设在美国

 D. 知道该用户的邮件地址，还需知道该用户的口令才能给他发邮件

 E. 当我们发信给他时，若此人不在网上，邮件将会丢失

61. 在拨号上网时，影响上网速度的有_____。

 A. Modem 速率　　　　　　　　B. 电话线传输速度

 C. 计算机速度　　　　　　　　　D. 系统设置

 E. 访问者多少

62. Internet 的广泛应用有力地推动了社会的进步和经济的发展，同时也带来了一些负面影响，如_____。

 A. 泄密隐患　　　　　　　　　　B. 制造、传播计算机病毒

 C. 攻击、破坏 Web 网站　　　　　D. 通过网络进行经济犯罪

E. 发布不健康的信息，或收看不健康的内容

63. 路由器按实现的形式分为_____。

    A. 软路由   B. 服务器

    C. 硬路由   D. 交换机

64. 学生在选择一所好的学校前，往往希望了解有关的情况。在 Internet 上的使用_____手段可以实现这一目的。

    A. 浏览该学校的主页

    B. 向该学校的有关人员发 E-mail 索取有关信息

    C. 给校长写信

    D. 打电话给校长

65. 亚马逊网络书店被称为"地球上最大的书店"，受到广大用户的喜爱。网络书店与传统书店相比有_____的优势。

    A. 可以看到一条一条的书目，不必花时间去翻阅

    B. 可以实现网上订购，迅捷方便

    C. 结账方式灵活，可以采用网上付款

    D. 用网页可列出大量的书籍，并可进行分类查询，而传统书店不可能做到

    E. 人们仍需到网络书店去领取所订购的书籍

66. 网络操作系统有_____。

    A. Netware   B. Windows NT

    C. Windows 2003 Server   D. UNIX

67. OSI 七层协议中包括_____。

    A. 传输层   B. 网络层

    C. TCP/IP 层   D. X.25 层

68. 以下关于一部 56K Modem 说法正确的是_____。

    A. 56K 是指这部 Modem 的速率

    B. 基于我国的网络现状，56K Modem 有时可能达不到此速率

    C. 此部 Modem 永远不会掉线

    D. 此部 Modem 可以防止网上病毒进入计算机

69. IP 地址由_____两部分组成。

    A. 网络标识   B. 用户标识

    C. 主机标识   D. 邮件标识

4.2.3 是非判断题

1. Web 浏览器的默认电子邮件程序只能是 Outlook Express。

2. 局域网的地理范围一般在几公里之内，具有结构简单、组网灵活的特点。

3. TCP 协议的主要功能就是控制 Internet 网络的 IP 包正确的传输。

4. 在使用 Internet Explorer 浏览器时，发现好的网页，你可以把网页地址收藏在收藏夹中。

5. Internet 的 DNS 系统是分布式数据库系统。

6. IP 协议的一项重要功能就是为 Internet 中的计算机实现统一的 IP 地址编码，并可通过 IP 地址寻找 Internet 中的计算机。

7. HTTP 是文件传输协议。

8. TCP/IP 协议是 Internet 网络的核心。

9. Internet 网络是世界上最大的网络，通过它可以把世界各国的各种网络联系在一起。

10. Internet Explorer 浏览器在脱机状态下不能浏览任何资源。

11. TCP 协议对应 OSI 七层协议的网络层。

12. 域名和 IP 地址是同一概念的两种不同说法。

13. 在 Word 中不能编写 HTML 语言代码程序。

14. Internet Explorer 浏览器默认的主页地址可以在 Internet 选项中"常规"的地址栏中设置。

15. 在网络概念里，文件传输与文件访问是相同的概念。

16. com 域名是商业网的域名。

17. Internet 网络是计算机和通信两大技术相结合的产物。

18. http://www.cdu.edu.cn/default.htm 中的 http 是一种传输协议。

19. 凡加入 Internet 网络的用户都可以访问网上的所有数据资源。

20. Internet Explorer 浏览器能识别 .htm 格式文件。

21. 当用户采用拨号方式上网时，用户计算机得到一个临时的 IP 地址。

22. Internet 网络主要是通过 FTP 协议实现各种网络的互联。

23. 可以通过电话线用 Modem 把两台计算机连接起来。

24. 客户机/服务器方式是 Internet 网上资源访问的主要方式。

25. 客户机/服务器系统中提供资源的计算机叫客户机，使用资源的计算机叫服务器。

26. E-mail 地址格式是主机名@域名。

27. Outlook Express 发送邮件时，在正文框中不能使用 HTML 语言标记。

28. HyperText 即超文本，HTML 即超文本传输协议。

29. 在访问 Internet 时必须在计算机中安装 Internet Explorer 才能够访问 Internet 站点。

30. Outlook Express 发送邮件不通过邮件服务器，而是直接传到用户的计算机上。

31. WWW 的页面文件存放在客户机上。

32. 在局域网(LAN)中也可以采用 TCP/IP 通信协议。

33. http://www.cdu.edu.cn/default.htm 中的 default.htm 是被访问的资源。

34. 昨天访问的网页，忘记其网页地址，可以在收藏夹中找到。

35. ISP 是指 Internet 服务提供商。

36. WWW 的 Web 浏览器放在服务器上。

37. IP 协议对应 OSI 七层协议的传输层。

38. http://www.cdu.edu.cn/default.htm 中的 www.cdu.edu.cn 是资源存放的地址。

39. 用 Outlook Express 发送邮件时，不能附加文件。

40. Internet 的 DNS 系统是一个分层定义和分布式管理的命名系统。

41. 在 WWW 上，每一信息资源都有统一的且唯一的 URL 地址。

42. 只有具有法人资格的企业、事业单位或政府机关才能拥有 Internet 网上的域名，通常个人用户不能拥有域名。

43. 用户上网必须使用调制解调器。

44. 在收发电子邮件时必须运用 Outlook Express 软件。

45. 用电缆连接多台计算机就构成了计算机网络。

46. 电子邮件地址为 YJK@online.sh.cn，其中 online.sh.cn 是邮件服务器地址。

47. 只要将几台计算机使用电缆连接在一起，计算机之间就能够通信。

48. 只要有调制解调器就可以拨号上网。

49. 在计算机网络中只能共享软件资源，不能共享硬件资源。

4.2.4　填空题

1. 计算机网络是计算机技术和_____相结合的产物。

2. 远程登录的英文是_____，它的作用是连接并使用远程主机。

3. LAN 的意思是_____，WAN 的意思是_____。

4. WWW 是英文_____的缩写，中文意思是_____。

5. Internet 中最基本的协议是_____协议。

6. URL 的意思是_____。

7. HTTP 的意思是_____。

8．202.115.91.2 是_____地址；dcst.cdu.edu.cn 是_____地址；http://www.cdu.edu.cn 是_____地址。

9. 在计算机网络中，服务器提供的共享资源主要是指硬件、软件和_____资源。

10. Internet 为用户提供的 3 类基本服务是_____、文件传输和远程登录。

11. 在计算机网络中，实现数字信号和模拟信号之间转换的设备是_____。

12. 计算机网络按照联网的计算机所处位置的远近不同分为 LAN 和_____两大类。

13. IP 地址是由_____个用小圆点隔开的数字组成的。

14. 域名是通过_____转换成 IP 地址的。

15. http://computer.cdu.edu.cn/main.htm 由 3 部分组成。其中，http 是存取协议，computer.cdu.edu.cn 是主机名，main.htm 为_____。

16. 下载是指从_____上复制文字、图片、声音等信息或软件到本地硬盘上。

17. 域名地址中 cn 的含义是_____。

18. _____命令可以用于测试两台机器之间是否有通路。

19. IP 协议规定 Internet 网络上的设备都有一个_____，其长度是_____字节。

20. 在浏览 Web 网的过程中，如果发现喜欢的网页并希望以后多次访问，可以使用的方法是把该页面放到_____中。

21. 在 ISO/OSI 参考模型中，传输层是第_____层（从下往上）。

22. 我们既可以从 Internet 上下载文件，也可以_____文件到 Internet。

23. _____是 Internet 上新兴的商业模式。

24. 国际标准化组织制订的开放式系统互连 OSI 模型共有七层，由低层到高层依次为物理层、链路层、网络层、传输层、会话层、_____和应用层。

25. FTP 是_____，它允许用户将文件从一台计算机传输到另一台计算机。

26. 根据网络覆盖范围的大小，计算机网络可以分为局域网、广域网和城域网，Internet 是_____网。

27. 电子商务中为了防止黑客攻击服务器所采用的关键技术是_____。

28. IP 地址的长度是 4 个字节，每个字节应该是一个 0 至_____之间的十进制数据，字节之间用句点分隔。

29. 在网络通信中遵守的通信协议有 TCP/IP 协议，其中 TCP 是网络_____控制协议。

30. Internet Explorer 是指 Internet 的_____。

31. Internet Explorer 是在_____操作系统下运行的软件。

32. _____就是允许你用自己的计算机通过 Internet 连接到很远的另一台计算机上，利用你的键盘操作别人的计算机。这种操作需具有较高的技术，一般用户难以掌握。

33. TCP/IP 协议中_____提供了端对端的可靠的进程间通信，而_____则用于处理节点间的寻址问题。

34. 在 A 类 IP 地址中，第一个字节为网络号，其后的字节为_____号。

35. www.google.com 是著名_____引擎之一，可以面向中文网民提供服务。

36. 拨号上网的计算机的 IP 地址一般是_____的 IP 地址。

37. 学校电子信箱 abc@cdu.edu.cn，在@之前的 abc 是收件人的名字，在@之后是_____的地址。

38. 一个 IP 地址可同时对应_____个域名地址。

39. IP 地址由一组_____位的二进制数字组成。

40. Web 上每一个页都有一个独立的地址，这些地址称作统一资源定位器，即_____。

41. Internet 提供资源的计算机叫_____，使用资源的计算机叫_____。

42. 计算机网络的工作模式有_____模式和客户机/服务器模式。

43. 在 Word 里编写的一个文件，在发送邮件时可以当作_____发送。

44. WWW 浏览器使用的应用协议是_____。

45. 申请了专线上网的每台计算机的 IP 地址是_____的 IP 地址。

46. IP 地址 C 类地址的第一字节的范围是_____。

47. 计算机网络有两种工作模式，Internet 采用了_____模式。

48. TCP 对应 OSI 七层协议的_____层。

49. 域名地址中若有后缀.gov，说明该网站是_____创办的。

50. 校园网的网络域名类型是_____。

51. Internet 上的每台主机至少有_____个 IP 地址。

52. 最高域名 mil 指_____部门。

53. Internet 的前身_____是美国国防部高级研究计划局于 1968 年主持研制的，它是用于支持军事研究的实验网络。

54. 在 IE 中，_____按钮指的是显示最近访问过的站点列表。

55. 在 TCP/IP 属性框中，主要设置的是_____。

56. 调制解调器的功能是实现_____信号和数字信号的转换。

57. Java 作为一种新型语言，随着 Internet 的普及而迅速发展起来。专家预言 Java 将引发一种新型廉价的计算机："网络计算机"。"网络计算机"的缩写是_____。

58. IP 地址 B 类地址的第一字节的范围是_____。

59. IP 地址的字节分隔符是_____，邮件地址用户和主机域名用_____作分隔符。

60. 普通的 Internet 用户大多需要通过 Internet 服务商接入 Internet。Internet 服务商的英文缩写为_____。

61. WWW 即 World Wide Web，经常称为_____。

62. 有曲别针标志的邮件，表示该邮件中含有_____。

63. IP 电话是通过_____打电话。

64. 网络和计算机的关系越来越密切，而提出"网络就是计算机"的是_____公司。

65. 邮件地址是由_____@_____组成。

66. 域名 indi.shcnc.ac.cn 中表示主机名的是_____。

67. 在星型、环型、总线型 3 种拓扑结构中，故障诊断和隔离比较容易的是_____结构。

68. 计算机网络节点的地理分布和互连关系上的几何排序称为计算机的_____结构。

69. 在 Internet 中，网络标识和主机标识共同构成了_____。

70. WWW 的网页文件是用_____编写，并在_____协议支持下运行的。

4.2.5　参考答案

(一)单项选择题

1. A	2. D	3. A	4. B	5. B
6. D	7. D	8. D	9. C	10. B
11. C	12. D	13. A	14. A	15. D

16. C	17. C	18. B	19. D	20. A
21. B	22. C	23. A	24. B	25. A
26. A	27. B	28. C	29. B	30. C
31. D	32. B	33. A	34. B	35. A
36. A	37. D	38. A	39. C	40. A
41. B	42. B	43. A	44. C	45. D
46. B	47. D	48. A	49. B	50. C
51. B	52. D	53. A	54. C	55. D
56. C	57. A	58. C	59. C	60. A
61. B	62. A	63. D	64. A	65. D
66. A	67. D	68. D	69. C	70. D
71. A	72. A	73. B	74. D	75. A
76. C	77. B	78. A	79. C	80. C
81. D	82. D	83. B	84. A	85. D
86. C	87. B	88. D	89. C	90. C
91. B	92. A	93. C	94. A	95. B
96. C	97. A	98. B	99. A	100. D
101. C	102. D	103. D	104. A	105. C
106. A	107. B	108. B	109. A	110. B
111. C	112. A	113. C	114. C	115. B
116. C	117. A	118. D	119. B	

(二) 多项选择题

1. ABC	2. BD	3. AC	4. ABCD	5. ABD
6. ABCD	7. ACE	8. ABCD	9. ABC	10. BD
11. ABD	12. ABCD	13. AD	14. ABCD	15. ABC
16. ABCDE	17. AE	18. AB	19. ABCD	20. BCD
21. AB	22. ABD	23. ABD	24. BC	25. CD
26. ABCD	27. ABC	28. ABCD	29. ABCD	30. BC
31. ABCE	32. BCD	33. ABCD	34. CD	35. ABCD
36. AB	37. ABCD	38. ABCD	39. BD	40. ABCD
41. BD	42. ABD	43. ABC	44. ABCD	45. AD
46. AD	47. ABCD	48. ABCDE	49. CE	50. BD
51. ABC	52. AB	53. AC	54. BCD	55. AD
56. BC	57. BC	58. AC	59. BC	60. AB
61. ABCDE	62. ABCDE	63. AC	64. AB	65. BCD
66. ABCD	67. AB	68. AB	69. AC	

（三）是非判断题

1. ×　2. √　3. √　4. ×　5. √　6. √　7. ×　8. √　9. √　10. ×
11. ×　12. ×　13. ×　14. √　15. ×　16. √　17. √　18. √　19. ×　20. √
21. √　22. ×　23. √　24. √　25. ×　26. ×　27. ×　28. ×　29. ×　30. ×
31. ×　32. √　33. √　34. ×　35. √　36. √　37. ×　38. √　39. ×　40. √
41. √　42. ×　43. ×　44. ×　45. ×　46. √　47. ×　48. ×　49. ×

（四）填空题

1. 通信技术
2. Telnet
3. 局域网，广域网
4. World Wide Web，万维网
5. TCP/IP
6. 统一资源定位器
7. 超文本传输协议
8. IP，域名，URL
9. 数据
10. 电子邮件
11. Modem
12. WAN
13. 4
14. DNS
15. 资源文件名
16. 远程主机
17. 中国
18. Ping
19. IP 地址，4
20. 收藏夹
21. 4
22. 上传
23. 电子商务
24. 表示层
25. 文件传输协议
26. 广域
27. 防火墙
28. 255
29. 传输
30. 浏览器
31. Windows
32. 远程登录
33. TCP，IP
34. 主机
35. 搜索
36. 动态
37. 邮件服务器
38. 多
39. 32
40. URL
41. 服务器，客户机
42. 对等
43. 附件
44. HTTP
45. 静态
46. 192～223
47. 客户机/服务器
48. 传输
49. 政府部门
50. edu
51. 一
52. 军事
53. ARPANET
54. 历史
55. IP 地址
56. 模拟
57. NC
58. 128～191
59. ．（句点），@
60. ISP
61. 万维网
62. 附件
63. Internet
64. SUN
65. 用户名，邮件服务器
66. indi
67. 星型
68. 拓扑
69. IP 地址
70. HTML，HTTP

第 5 章　上机习题集

5.1　Windows 7 的使用

5.1.1　上机习题集

上机操作题 1：在文件夹 Test1 中创建文件夹 Test2。

上机操作题 2：将文件夹 Test2 下文件 abc.doc 设置为"只读"。

上机操作题 3：将文件夹 Test2 下文件 abc.doc 复制到文件夹 Test1 中。

上机操作题 4：将文件夹 Test1 下文件 abc.doc 重命名为 xyz.doc。

上机操作题 5：将文件夹 Test1 下文件 xyz.doc 删除。

上机操作题 6：搜索文件夹 Test1 下文件 abc.doc。

上机操作题 7：为文件 abc.doc 创建快捷方式，并存放在文件夹 Test2 中。

上机操作题 8：将考生文件夹 EXTR 下的文件夹 EDZK 删除。

上机操作题 9：在考生文件夹 BNPA 下建立一个名为 WEN 的新文件夹。

上机操作题 10：将考生文件夹 RUM 下的文件 BASE.BMP 设置为"只读"和"隐藏"。

上机操作题 11：将考生文件夹 FTP 中文件 ACC.BAS 移动到文件夹 DSK 中。

上机操作题 12：将考生文件夹 SOUP 下的文件 SER.FOR 复制一份，新文件名为 WER.FOR。

上机操作题 13：将考生文件夹 YOU 下的文件 MUN.C 更名为 SDF.C。

上机操作题 14：搜索考生文件夹下文件 ABC.PPT，并将其移动到考生文件夹 PPT 中。

上机操作题 15：将考生文件夹 STU 下文件夹 HSD 建立名为 IOP 的快捷方式，并存放到考生文件夹 STU 下。

上机操作题 16：取消考生文件夹 TEEN 下的文件 SDF.DOS 的"只读"属性。

5.1.2　上机习题参考答案

上机操作题 1 操作步骤：

(1)双击文件夹 Test1，打开文件夹 Test1。

(2)右键单击文件夹内容窗格空白处，从菜单中选择"新建→文件夹"命令。

(3)给新建文件夹命名为 Test2。

上机操作题 2 操作步骤：

(1)双击文件夹 Test2，打开文件夹 Test2。

(2)右键单击文件夹 Test2 中文件 abc.doc，从菜单中选择"属性"命令。

(3)在打开的"属性"对话框中，单击复选框"只读"，再单击"确定"按钮。

上机操作题 3 操作步骤：

(1)双击文件夹 Test2，打开文件夹 Test2。

(2)右键单击文件夹 Test2 中文件 abc.doc，从菜单中选择"复制"命令。

(3)打开文件夹 Test1，右键单击窗口空白处，从菜单中选择"粘贴"命令。

上机操作题 4 操作步骤：

(1)双击文件夹 Test1，打开文件夹 Test1。

(2)右键单击文件夹 Test1 中文件 abc.doc，从菜单中选择"重命名"命令。

(3)在反显的文本框处，输入文件名 xyz.doc。

上机操作题 5 操作步骤：

(1)双击文件夹 Test1，打开文件夹 Test1。

(2)右键单击文件夹 Test1 中文件 xyz.doc，从菜单中选择"删除"命令。

(3)在对话框中单击"确定"按钮。

上机操作题 6 操作步骤：

(1)双击文件夹 Test1，打开文件夹 Test1。

(2)在窗口工具栏右上角的搜索文本框中输入文件名：abc.doc。

上机操作题 7 操作步骤：

(1)右键单击文件夹 Test1 中文件 abc.doc，从菜单中选择"创建快捷方式"命令。

(2)右键单击新创建的快捷方式文件，从菜单中选择"剪切"命令。

(3)右键单击文件夹 Test2，从菜单中选择"粘贴"命令。

上机操作题 8 操作步骤：

(1)双击文件夹 EXTR，打开文件夹 EXTR。

(2)右键单击文件夹 EDZK，从菜单中选择"删除"命令。

(3)在对话框中单击"确定"按钮。

上机操作题 9 操作步骤：

(1)双击文件夹 BNPA，打开文件夹 BNPA。

(2)右键单击文件夹内容窗格空白处，从菜单中选择"新建→文件夹"命令。

(3)给新建文件夹命名为 WEN。

上机操作题 10 操作步骤：

(1)双击文件夹 RUM，打开文件夹 RUM。

(2)右键单击文件夹 RUM 中文件 BASE.BMP，从菜单中选择"属性"命令。

(3)在打开的属性对话框中，单击复选框"只读"和"隐藏"，再单击"确定"按钮。

上机操作题 11 操作步骤：

(1)双击文件夹 FTP，打开文件夹 FTP。

(2)右键单击文件夹 FTP 中文件 ACC、BAS，从菜单中选择"剪切"命令。

(3)打开文件夹 DSK，右键单击窗口空白处，从菜单中选择"粘贴"命令。

上机操作题 12 操作步骤：

(1)双击文件夹 SOUP，打开文件夹 SOUP。

(2)右键单击文件夹 SOUP 中的文件 SER.FOR，从菜单中选择"复制"命令。

(3)右键单击窗口空白处，从菜单中选择"粘贴"命令。

(4)右键单击新生成的文件，从菜单中选择"重命名"命令。

(5)输入文件名 WER.FOR。

上机操作题 13 操作步骤：

(1)双击文件夹 YOU，打开文件夹 YOU。

(2)右键单击文件夹 YOU 中，文件 MUN.C，从菜单中选择"重命名"命令。

(3)在反显的文本框处，输入文件名 SDF.C。

上机操作题 14 操作步骤：

(1)双击考生文件夹。

(2)在窗口工具栏右上角的搜索文本框中输入文件名：ABC.PPT。

(3)右键单击搜索到的文件 ABC.PPT，从菜单中选择"剪切"。

(4)右键单击文件夹 PPT，从菜单中选择"粘贴"命令。

上机操作题 15 操作步骤：

(1)右键单击文件夹 STU 中文件夹 HSD，从菜单中选择"创建快捷方式"命令。

(2)右键单击新创建的快捷方式文件，从菜单中选择"重命名"命令，修改文件名为 IOP。

(3)右键单击快捷方式文件 IOP，从菜单中选择"剪切"命令。

(4)右键单击文件夹 STU，从菜单中选择"粘贴"命令。

上机操作题 16 操作步骤：

(1)双击文件夹 TEEN，打开文件夹 TEEN。

(2)右键单击文件夹 TEEN 中的文件 SDF.DOS，从菜单中选择"属性"命令。

(3)在打开的属性对话框中，单击复选框"只读"，取消原来的"只读"属性。

(4)单击"确定"按钮。

5.2　Word 2010 的使用

5.2.1　上机习题集

上机操作题 1：打开文件 word1.docx，其内容如下。

量子通信

所谓亮子通信是指利用亮子纠缠效应进行信息传递的一种新型的通信方式，是近二十年发展起来的新型交叉学科，是亮子论和信息论相结合的新的研究领域。

光亮子通信主要基于亮子纠缠态的理论，使用亮子隐形传态(传输)的方式实现信息传递。根据实验验证，具有纠缠态的两个粒子无论相距多远，只要一个发生变化，另外一个也会瞬间发生变化。

经典通信较光亮子通信相比，其安全性和高效性都无法与之相提并论。安全性-亮子通信绝不会"泄密"，其一体现在亮子加密的密钥是随机的，即使被窃取者截获，也无法得到正确的密钥，因此无法破解信息；其二，分别在通信双方手中具有纠缠态的2个粒子，其中一个粒子的亮子态发生变化，另外一方的亮子态就会随之立刻变化，并且根据亮子理论，宏观的任何观察和干扰，都会立刻改变亮子态，引起其坍塌，因此窃取者由于干扰而得到的信息已经破坏，并非原有信息。

这里进一步解释一下亮子纠缠。亮子纠缠可以用"薛定谔猫"来帮助理解：当把一只猫放到一个放有毒物的盒子中，然后将盒子盖上，过了一会问这个猫现在是死了，还是活着呢？亮子物理学的答案是：它既是死的也是活的。有人会说，打开盒子看一下不就知道了，是的，打开盒子猫是死是活确实就会知道，但是按亮子物理的解释：这种死或者活着的状态是人为观察的结果，也就是人的宏观干扰使得猫变成了死的或者活的了，并不是盒子盖着时的真实状态，同样，微观粒子在不被"干扰"之前就一直处于"死"和"活"两种状态的叠加，也可以说是它既是"0"也是"1"。

请完成下面的操作并保存。

(1)将文中所有措词"亮子"替换为"量子"；将标题段文字("量子通信")设置为黑体、三号、红色、加粗、居中，并添加波浪下划线。

(2)将正文各段文字设置为宋体、12磅；第1段首字下沉，下沉行数为2，距正文0.2厘米；除第1段外的其余各段落左、右各缩进1.5字符，首行缩进2字符，段前的间距1行。

(3)将正文的第3段("经典通信较光亮子通信相比……以及更高。")分为等宽两栏，其栏宽17字符。

上机操作题2：打开文件word2.docx，其内容如下。

硬盘的发展突破了多次容量限制

容量恐怕是最能体现硬盘发展速度的了，从当初IBM发布世界上第一款5MB容量的硬盘到现在，硬盘的容量已经达到了上百GB。

硬盘容量的增加主要通过增加单碟容量和增加盘片数来实现。单碟容量就是硬盘盘体内每张盘片的最大容量，每块硬盘内部有若干张碟片，所有碟片的容量之和就是硬盘的总容量。

单碟容量的增长可以带来三个好处：

硬盘容量的提高。由于硬盘盘体内一般只能容纳5张碟片，所以硬盘总容量的增长只能通过增加单碟容量来实现。

传输速度的增加。因为盘片的表面积是一定的，那么只有增加单位面积内数据的存储密度。这样一来，磁头在通过相同的距离时就能读取更多的数据，对于连续存储的数据来说，性能提升非常明显。

成本下降。举例来讲，同样是 40GB 的硬盘，若单碟容量为 10GB，那么需要 4 张盘片和 8 个磁头；要是单碟容量上升为 20GB，那么需要 2 张盘片和 4 个磁头；对于单碟容量达 40GB 的硬盘来说，只要 1 张盘片和 2 个磁头就够了，能够节约很多成本。

目前硬盘单碟容量正在飞速增加，但硬盘的总容量增长速度却没有这么快，这正是增加单碟容量并减少盘片数的结果，出于成本和价格两方面的考虑，两张盘片是个比较理想的平衡点。

请完成下面的操作并保存。

(1) 为文中所有"容量"一词添加下划线。

(2) 将标题段文字（"硬盘的发展突破了多次容量限制"）设置为黑体、16 磅、深蓝色、加粗、居中，字符间距加宽 1 磅，并添加黄色底纹。

(3) 设置正文各段落（"容量恐怕是……比较理想的平衡点。"）首行缩进 2 字符、行距为 1.2 倍行距、段前间距 0.8 行；为正文第 4 ~ 6 段（"硬盘容量的提高……能够节约很多成本。"）添加项目符号"■"。

上机操作题 3：打开文件 word3.docx，其内容如下。

信息安全影响我国进入电子社会

随着网络经济和网络社会时代的到来，我国的军事、经济、社会、文化各方面都越来越依赖于网络。与此同时，电脑网络上出现利用网络盗用他人账号上网，窃取科技、经济情报进行经济犯罪等电子攻击现象。

今年春天，我国有人利用新闻组中查到的普通技术手段，轻而易举地从多个商业站点窃取到 8 万个信用卡号和密码，并标价 26 万元出售。

同传统的金融管理方式相比，金融电子化如同金库建在电脑里，把钞票存在数据库里，资金流动在电脑网络里，金融电脑系统已经成为犯罪活动的新目标。

据有关资料，美国金融界每年由于电脑犯罪造成的经济损失近百亿美元。我国金融系统发生的电脑犯罪也呈逐年上升趋势。近年来最大一起犯罪案件造成的经济损失高达人民币 2100 万元。

请完成下面的操作并保存。

(1) 正文文字设置为宋体、小四号，首行缩进 2 字符，1.5 倍行距。

(2) 插入一个形状"十字箭头"，并放置正文文字上；设置形状高为 4 厘米，宽为 5 厘米；设置"红色，8pt"的发光效果；设置"白色"填充色；设置位置"衬于文字下方"。

(3) 增加"边线型"页眉，输入文字"电子信息"，设置为宋体、五号。

上机操作题 4：打开文件 word4.docx，其内容如下。

计算机系统主要由硬件系统和软件系统两大部分组成，其中硬件系统由主机和外设组成，软件系统由系统软件和应用软件组成。

请完成下面的操作并保存。

（1）正文文字设置为宋体、四号，首行缩进 2 字符。

（2）在文字下方对文中所描述的计算机系统结构绘制一个 SmartArt 图形，绘制"层次结构"图形，颜色为"彩色-强调文字颜色"，样式为"卡通"效果。

上机操作题 5：打开文件 word5.docx，其内容如下。

各个时代硬盘容量的限制一览表

操作系统时代	微机配置限制	容量限制
DOS 时代	早期 PC/XT 限制	10MB
	FAT12 文件分配表限制	16MB
	DOS 3.X 限制	32MB
	DOS 4.X 限制	128MB
	DOS 5.X，早期 ATA BIOS 限制	528MB
Win3.X/Win95A	FAT16 文件分配表限制	2.1GB
	CMOS 扩展 CHS 地址限制	4.2GB
Win95A（OSR2）Win98	BIOS/intl3 24bit 地址限制	8.4GB
	BIOS 限制	32GB
Win Me/Win2000	28bit CHS 限制	137GB

请完成下面的操作并保存。

（1）将文中 11 行文字转换成一个 11 行 3 列的表格；分别将第 1 列的第 2~6 行单元格、第 7~8 行单元格、第 9~10 行单元格加以合并。

（2）设置表格居中，表格第 1 和第 2 列列宽为 4.5 厘米、第 3 列列宽为 2 厘米；并将表格中所有文字设置为水平居中；设置表格所有框线为 1 磅、蓝色、单实线。

上机操作题 6：打开文件 word6.docx，其内容如下。

店名	一季度	二季度	三季度	四季度
海淀区连锁店	1024	2239	2569	3890
西城区连锁店	1589	3089	4120	4500
东城区连锁店	1120	2498	3001	3450
朝阳区连锁店	890	1109	2056	3002

请完成下面的操作并保存。

（1）在表格顶端添加表标题"利民连锁店集团销售统计表"，并设置为华文楷体、小二号、加粗、居中。

（2）在表格底部插入一空行，在该行第一列的单元格中输入行标题"小计"，其余各单元格中填入该列各单元格中数据的总和。

（3）将表格居中，并设置表格样式为"浅色底纹"。

上机操作题 7：打开文件 word7.docx，其内容如下。

姓名	大学英语	数据结构	高等数学	普通物理
张一平	80	87	57	67

续表

姓名	大学英语	数据结构	高等数学	普通物理
朱化东	90	73	74	65
刘志	80	89	87	72
胡小民	87	69	90	78
刘一平	52	50	45	63
周明	75	68	65	78

请完成下面的操作并保存。

(1)在表格下面增加一行，行标题为"平均分"，并利用公式计算各科平均分，保留一位小数，按照"大学英语"列升序排列表格。

(2)为表格的第一行添加"茶色"底纹，文字水平居中。

(3)将表格的第一行第一列设置斜线表头，列标题为"姓名"，行标题为"科目"。

上机操作题 8：打开文件 word8.docx，其内容如下。

音调、音强与音色

声音是模拟信号的一种，从人耳听觉的角度看，声音的质量特性主要体现在音调、音强和音色三个方面。

音调与声音的频率有关，频率快则声音尖高，频率慢则声音显得低沉。声音按频率可分为：次声(小于 20Hz)、可听声(20～20000Hz)和超声(大于 20000Hz)。

音强即声音音量，它与声波的振动幅度有关，反映了声音的大小和强弱，振幅大则音量大。

振幅和周期都不变的声音称为纯音，但自然界中的大部分声音一般都不是纯音，而是由不同振幅的声波组合起来的一种复音。在复音中的最低频率称为该复音的基频。复音中其他频率称之为谐音，基频和谐音组合起来，决定了声音的音色，使人们有可能对不同的声音特征加以辨认。

不同种类声音的频带宽度

声音类型	频带宽度
男性声音	100Hz～9kHz
女性声音	150Hz～10kHz
电话语音	200Hz～3.4kHz
调幅广播	50Hz～7kHz
调频广播	20Hz～15kHz
宽带音响	20Hz～20kHz

请完成下面的操作并保存。

(1)将标题段文字("音调、音强与音色")设置为三号、宋体、红色、加粗、居中，并添加黄色底纹。

(2)正文文字("声音是模拟……加以辨认")设置为小四号、宋体，段落左、右各缩进 1.5 字符，首行缩进 2 字符，段前间距 1 行。

（3）将表格标题（"不同种类声音的频带宽度"）设置为宋体、四号、倾斜、居中。

（4）插入剪贴画"sound file 声音文件"，设置高、宽均为 2 厘米，放置在第四段正文右边，穿越型。

（5）将文中最后 7 行统计数字转换成一个 7 行 2 列的表格，表格居中，列宽 3 厘米，表格中的文字设置为宋体、五号，第一行内容对齐方式为水平居中，其他各行内容对齐方式为中部两端对齐。

上机操作题 9：打开文件 word9.docx，其内容如下。

银行危机的三道防线

一般而言，防范银行危机主要有三道防线：

第一道防线：预防性监管——防患于未然。俗话说，"防火重于救灾"，银行危机也不例外。对银行业的预防性监管可以说是第一道防线。预防性监管主要包括：

市场准入管理

资本充足要求

清偿能力管制

业务领域限制

第二道防线：存款保险制度——危机"传染"的"防火墙"。自 20 世纪 30 年代美国建立存款保险制度以来，许多国家都相继建立了类似的存款保险制度。存款保险制度为储户的存款提供保险，一旦危机发生，可以保证一定数额的存款不受损失。存款保险制度就像一道"防火墙"，即使某家银行倒闭，也能在一定程度上稳定老百姓的信心，防止由于恐慌的迅速传染和扩散而引发银行破产的连锁反应。

第三道防线：紧急援助——"亡羊补牢，犹未为晚"。即使有了前两道防线，也仍然难以保证银行体系的绝对安全，这就需要中央银行危难时刻紧急援助，力挽狂澜，这也是最后一道防线。人们从以往的痛苦中吸取了教训，每当银行出现危机时，只要不是病入膏肓，中央银行一般会通过特别贷款等措施向这家银行提供紧急援助，以防止事态进一步扩大。

各细分指标的权重

最底层指标	权重值	所属第一层级	权重值
价格比率	0.078	服务水平	0.479
交货期	0.142		
交货质量合格率	0.259		
市场敏捷性	0.008	企业能力	0.145
生产柔性	0.043		
信息化水平	0.018		
生产规模	0.076		
信息共享程度	0.017	合作程度	0.315
其他合作者评价	0.034		
准时交货单	0.175		

订单完成率	0.089		
资产负债率	0.034	财务能力	0.061
资产收益率	0.007		
销售收入增长率	0.003		
净利润增长率	0.017		

请完成下面的操作并保存。

(1)将标题("银行危机的三道防线")文字设置为黑体、三号、红色、加粗、居中。

(2)设置文档中的第 2~7 段("第一道防线……事态进一步扩大")左右各缩进 4 个字符,并加编号,编号格式为"1)、2)、3)"。为文档内容"市场准入管理"~"业务领域限制"4 行设置项目符号"●",并设置项目符号缩进位置为 3 厘米。

(3)为文档中所有的"防线"加着重号,并在编号为"3)"的段落后进行分页,在每页顶端加上页码。

(4)将文中最后 16 行文字按照制表符转换为一个 16 行 4 列的表格。分别将表格中第 3、4 列的第 13~16 个单元格进行合并、第 9~12 个单元格进行合并、第 5~8 个单元格进行合并,第 2~4 个单元格进行合并。设置第 3 列列宽为 3 厘米、第 4 列列宽为 1.8 厘米。设置表格居中。

(5)设置表格标题("各细分指标的权重")为第 1 行第 2 列艺术字效果。设置表格左右外边框为无边框;上下外边框为 3 磅、黑色、单实线;所有内框线为 1 磅、黑色、单实线。

上机操作题 10:打开文件 word10.docx,其内容如下。

"数据结构"教学实施意见

一、课程的目的与要求

"数据结构"课程是计算机应用专业一门重要的专业基础课,它的主要任务是讨论数据的各种逻辑结构、物理结构以及相关的算法。目的是使学生能够根据实际问题的需要选择合适的数据结构和设计算法。

二、课时安排

序号	教学内容	授课学时	实验学时
1	绪论	2	0
2	线性表	6	6
3	栈和队列	6	4
4	串	4	0
5	数组、特殊矩阵和广义表	6	0
6	二叉树	8	6
7	图	8	6
8	查找	6	0
9	排序	6	4
10	文件	4	0
合计			

请完成下面的操作并保存。

(1)将标题段("《数据结构》教学实施意见")文字设置为黑体、二号、红色、居中。

(2)将正文第 2 行开始("《数据结构》")到第 4 行结束("数据结构和设计算法。")中的文字设置为宋体、小四号，段落首行缩进 2 字符，行距 1.25 倍，并设置文字为灰色底纹，加上文字边框。

(3)将正文中第 1 行(一、课程的目的与要求)设置成宋体、小三号、红色，段后间距 0.5 行。使用格式刷将第 5 行(二、课时安排)设置为相同格式。

(4)设置表格居中，表格第 2 列宽度为 5 厘米，其余列宽度为 2 厘米，行高为 0.5 厘米；表格中所有文字水平居中；表格设置橄榄色的底纹。

(5)分别用公式计算表格中"授课学时"合计和"实验学时"合计。

(6)将纸张设置为"横向"，并设置斜向的"紧急"水印效果。

5.2.2　上机习题参考答案

上机操作题 1 操作步骤：

1)解题步骤

(1)选中全部文本，在"开始"选项卡的"编辑"分组中，单击"替换"按钮，弹出"查找和替换"对话框。设置查找内容为"亮子"，替换为"量子"，单击"全部替换"按钮，稍后弹出消息框，单击"确定"按钮。

(2)选中标题段，在"开始"选项卡"字体"分组中，设置中文字体："黑体"，字号："三号"，字型："加粗"，字体颜色："红色"，下划线线型："波浪型"。

(3)选中标题段，在"开始"选项卡"段落"分组中，单击"居中"按钮。

2)解题步骤

(1)选中各段文字，在"开始"选项卡"字体"分组中，设置中文字体："宋体"，字号："12 磅"。

(2)选中第一段，在"插入"选项卡"文本"分组中，单击"首字下沉"下拉按钮，选中"首字下沉"选项卡，在打开的对话框中选中"下沉"效果，设置下沉行数："2 行"，距正文："0.2 厘米"。

(3)选中正文除第一段外所有段，在"开始"选项卡"段落"分组中，单击"缩进和间距"选项卡，在"缩进"选项组设置左侧为"1.5 字符"，右侧为"1.5 字符"，在"特殊格式"选项组选择首行缩进"2 字符"，在"间距"选项组，设置段前为"1 行"。

3)解题步骤

(1)选中第三段，在"页面布局"选项卡"页面设置"分组中，单击"分栏"按钮，选择"更多分栏"选项，在"分栏"对话框中选择"预设"选项组中的"两栏"选项，在"宽度和间距"选项组中设置宽度为"17 字符"，勾选"栏宽相等"，单击"确定"按钮。

(2)保存文件。

操作结果如图 5.1 所示。

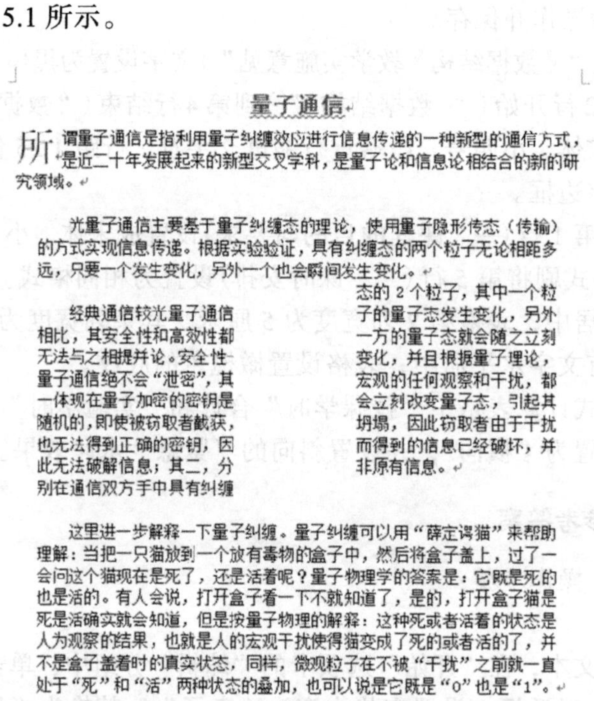

量子通信

所谓量子通信是指利用量子纠缠效应进行信息传递的一种新型的通信方式，是近二十年发展起来的新型交叉学科，是量子论和信息论相结合的新的研究领域。

光量子通信主要基于量子纠缠态的理论，使用量子隐形传态（传输）的方式实现信息传递。根据实验验证，具有纠缠态的两个粒子无论相距多远，只要一个发生变化，另外一个也会瞬间发生变化。

经典通信较光量子通信相比，其安全性和高效性都无法与之相提并论。安全性量子通信绝不会"泄密"，其一体现在量子加密的密钥是随机的，即使被窃取者截获，也无法得到正确的密钥，因此无法破解信息；其二，分别在通信双方手中具有纠缠态的 2 个粒子，其中一个粒子的量子态发生变化，另外一方的量子态就会随之立刻变化，并且根据量子理论，宏观的任何观察和干扰，都会立刻改变量子态，引起其坍塌，因此窃取者由于干扰而得到的信息已经破坏，并非原有信息。

这里进一步解释一下量子纠缠。量子纠缠可以用"薛定谔猫"来帮助理解：当把一只猫放到一个放有毒物的盒子里，然后将盒子盖上，过了一会问这个猫现在是死了，还是活着呢？量子物理学的答案是：它既是死的也是活的。有人会说，打开盒子看一下就知道了，是的，打开盒子猫是死是活确实就会知道，但是按量子物理的解释：这种死或者活着的状态是人为观察的结果，也就是人的宏观干扰使得猫变成了死的或者活的，而不是盒子盖着时的真实状态，同样，微观粒子在不被"干扰"之前就一直处于"死"和"活"两种状态的叠加，也可以说是它既是"0"也是"1"。

图 5.1

上机操作题 2 操作步骤：

1）解题步骤

选中全部文字，在"开始"选项卡"编辑"分组中，单击"替换"按钮，弹出"查找和替换"对话框，设置查找内容为"容量"，替换为"容量"，单击"更多"按钮，再单击"格式"按钮，在弹出的菜单中选择"字体"选项，弹出"查找字体"对话框，设置"下划线线型"为"字下加线"，单击"确定"按钮，返回"查找和替换"对话框；单击"全部替换"按钮，稍后弹出消息框，单击"确定"按钮。

2）解题步骤

（1）选中标题段，在"开始"选项卡"字体"分组中，设置中文字体："黑体"，字号："16 磅"，字形："加粗"，字体颜色："深蓝"。打开"字体"对话框，选择"高级"选项卡，在"间距"下拉列表中选择"加宽"，磅值："1 磅"，单击"确定"按钮。

（2）选中标题段，在"开始"选项卡"段落"分组中，单击"居中"按钮。

（3）选中标题段，在"开始"选项卡"段落"分组中，单击"边框"下拉按钮，打开"边框和底纹"对话框，选中"底纹"选项卡，设置填充色为"黄色"，选择应用于"文字"，单击"确定"按钮。

3）解题步骤

（1）选中正文各段，在"开始"选项卡"段落"分组中，打开"段落"对话框。选择"缩进和间距"选项卡，在"特殊格式"选项组中，选择"首行缩进"，设置磅值：

“2字符”；在“间距”选项组中，设置段前：“0.8行”，行距：“多倍行距”，设置值：“1.2”，单击“确定”按钮。

(2)选择正文4~6段，在“开始”选项卡“段落”分组中，单击“项目符号”下拉列表，选择带有“■”图标的项目符号，单击“确定”按钮。

(3)保存文件。

操作结果如图5.2所示。

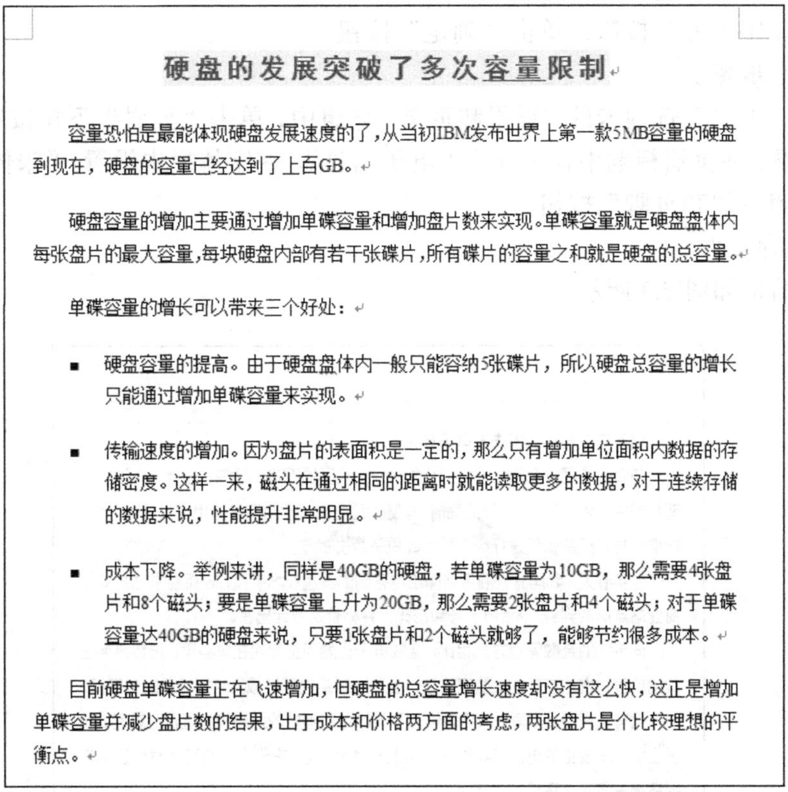

硬盘的发展突破了多次容量限制

容量恐怕是最能体现硬盘发展速度的了，从当初IBM发布世界上第一款5MB容量的硬盘到现在，硬盘的容量已经达到了上百GB。

硬盘容量的增加主要通过增加单碟容量和增加盘片数来实现。单碟容量就是硬盘盘体内每张盘片的最大容量，每块硬盘内部有若干张碟片，所有碟片的容量之和就是硬盘的总容量。

单碟容量的增长可以带来三个好处：

- 硬盘容量的提高。由于硬盘盘体内一般只能容纳5张碟片，所以硬盘总容量的增长只能通过增加单碟容量来实现。
- 传输速度的增加。因为盘片的表面积是一定的，那么只有增加单位面积内数据的存储密度。这样一来，磁头在通过相同的距离时就能读取更多的数据，对于连续存储的数据来说，性能提升非常明显。
- 成本下降。举例来讲，同样是40GB的硬盘，若单碟容量为10GB，那么需要4张盘片和8个磁头；要是单碟容量上升为20GB，那么需要2张盘片和4个磁头；对于单碟容量达40GB的硬盘来说，只要1张盘片和2个磁头就够了，能够节约很多成本。

目前硬盘单碟容量正在飞速增加，但硬盘的总容量增长速度却没有这么快，这正是增加单碟容量并减少盘片数的结果，出于成本和价格两方面的考虑，两张盘片是个比较理想的平衡点。

图5.2

上机操作题3操作步骤：

1)解题步骤

选中正文，在“开始”选项卡“字体”分组中，设置中文字体：“宋体”，字号：“小四”。选中正文前4段，在“开始”选项卡“段落”分组中，打开“段落”对话框。在“特殊格式”选项组中，选择“首行缩进”，设置磅值：“2字符”；在“间距”选项组中，设置行距：“1.5倍行距”，单击“确定”按钮。

2)解题步骤

(1)在“插入”选项卡的“插图”分组中，单击“形状”按钮，在下拉列表中选择“箭头汇总”分组中的“十字箭头”，用鼠标在正文文字上方拖动，绘制出“十字箭头”的形状。

(2)选择形状，在“绘图工具”的“格式”功能区“大小”分组中，设置高：“4厘米”，宽：“5 厘米”。

(3)选择形状，在“绘图工具”的“格式”功能区“形状样式”分组中，单击“形状效果”按钮，在下拉列表中选择“发光”、“红色，8pt”效果；单击“形状填充”按钮，在下拉列表中选择“白色”。

(4)选择形状，在“页面布局”选项卡的“排列”分组中，单击“位置”按钮、在下拉列表中选择“其他布局选项”，打开“布局”对话框。在“文字环绕”选项卡中单击“衬于文字下方”按钮，单击“确定”按钮。

3)解题步骤

(1)在“插入”选项卡的“页眉和页脚”分组中，单击“页眉”下拉按钮，选择“边线型”效果，在页眉标题中输入文字“电子信息”。在字体栏中设置：“宋体”，“五号”。单击“关闭页眉和页脚”按钮。

(2)保存文件。

操作结果如图 5.3 所示。

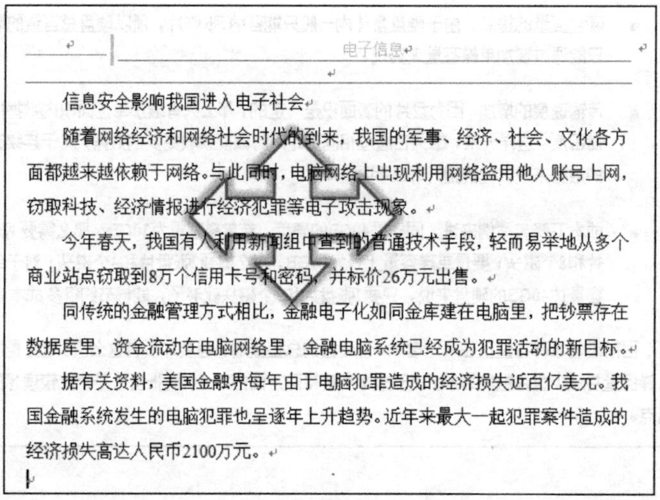
电子信息

信息安全影响我国进入电子社会

随着网络经济和网络社会时代的到来，我国的军事、经济、社会、文化各方面都越来越依赖于网络。与此同时，电脑网络上出现利用网络盗用他人账号上网，窃取科技、经济情报进行经济犯罪等电子攻击现象。

今年春天，我国有人利用新闻组中查到的普通技术手段，轻而易举地从多个商业站点窃取到8万个信用卡号和密码，并标价26万元出售。

同传统的金融管理方式相比，金融电子化如同金库建在电脑里，把钞票存在数据库里，资金流动在电脑网络里，金融电脑系统已经成为犯罪活动的新目标。

据有关资料，美国金融界每年由于电脑犯罪造成的经济损失近百亿美元。我国金融系统发生的电脑犯罪也呈逐年上升趋势。近年来最大一起犯罪案件造成的经济损失高达人民币2100万元。

图 5.3

上机操作题 4 操作步骤：

1)解题步骤

选中正文，在“开始”选项卡“字体”分组中，设置中文字体：“宋体”，字号：“四号”。在“开始”选项卡“段落”分组中，打开“段落”对话框。在“特殊格式”选项组中，选择“首行缩进”，设置磅值：“2 字符”，单击“确定”按钮。

2)解题步骤

(1)在“插入”选项卡的“插图”分组中，单击 SmartArt 按钮，打开“选择 SmartArt 图形”对话框。在左侧列表中选择“层次结构”，右侧选择第 2 行第 1 列的“层次结构”效果。

(2)在图形的文本提示区域写入内容"计算机系统"，下方输入"硬件系统"、"软件系统"。

(3)选中左边"硬件系统"形状，在"SmartArt 工具"的"设计"功能区"创建图形"分组中，单击"添加形状"按钮，在下拉列表中选择"在下方添加形状"，在下方分别输入"主机"、"外设"。

(4)选中右边的"软件系统"形状，在下方输入"系统软件"。选中"系统软件"形状，单击"添加形状"按钮，在下拉列表中选中"在后面添加形状"，即在右边添加一个形状，输入文字内容"应用软件"。

(5)在"SmartArt 工具"的"设计"功能区"SmartArt 样式"分组中，单击"更改颜色"按钮，在下拉列表中选择"彩色→强调文字颜色"效果；单击"卡通"效果。

(6)保存文件。

操作结果如图 5.4 所示。

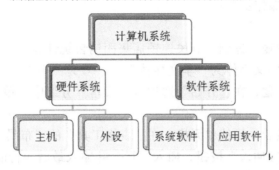

计算机系统主要由硬件系统和软件系统两大部分组成，其中硬件系统由主机和外设组成，软件系统由系统软件和应用软件组成。

图 5.4

上机操作题 5 操作步骤：

1)解题步骤

(1)选中 11 行文字，在"插入"选项卡"表格"分组中，单击"表格"按钮，选择"文本转换成表格"选项，弹出"将文字转换成表格"对话框，单击"确定"按钮。

(2)选中第 1 列的第 2 行到第 6 行内容，单击鼠标右键，快捷菜单中选中"合并单元格"命令。照此方法合并第 1 列第 7～8 行，第 1 列第 9～10 行。

2)解题步骤

(1)选中表格，在"开始"选项卡"段落"分组中，单击"居中"按钮。

(2)选中表格的第 1 列和第 2 列，在"表格工具"的"布局"功能区"单元格大小"分组中，输入宽度："4.5 厘米"。同样设置第 3 列宽度："2 厘米"。

(3)选中表格，在"表格工具"的"布局"功能区"对齐方式"分组中，单击"水平居中"按钮。

(4)单击表格，在"表格工具"的"设计"功能区"绘图边框"分组中，设置画笔粗细："1 磅"，笔样式："单实线"，笔颜色："蓝色"。设置好后单击"边框"按钮，在下拉列表中选择"所有框线"，即表格的所有边框设置为了要求的格式。

（5）保存文件。

操作结果如图 5.5 所示。

各个时代硬盘容量的限制一览表

操作系统时代	微机配置限制	容量限制
DOS时代	早期PC/XT限制	10MB
	FAT12文件分配表限制	16MB
	DOS 3.X限制	32MB
	DOS 4.X限制	128MB
	DOS 5.X，早期ATA BIOS限制	528MB
Win3.X/Win95A	FAT16文件分配表限制	2.1GB
	CMOS扩展CHS地址限制	4.2GB
Win95A（OSR2）Win98	BIOS/intl3 24bit地址限制	8.4GB
	BIOS限制	32GB
Win Me/Win2000	28bit CHS限制	137GB

图 5.5

上机操作题 6 操作步骤：

1）解题步骤

（1）在表格顶端输入标题"利民连锁店集团销售统计表"。在"开始"选项卡"字体"分组中，设置中文字体为"华文楷体"，字号为"小二"，字形为"加粗"。

（2）选中表格标题，在"开始"选项卡"段落"分组中，单击"居中"按钮。

2）解题步骤

（1）选中表格最后一行的单元格，在"表格工具"的"布局"功能区"行和列"分组中，单击"在下方插入"按钮，插入一行，并输入最后一行的行标题"小计"。

（2）单击"小计"行的第二列，在"表格工具"的"布局"功能区"数据"分组中，单击"公式"按钮。在弹出的"公式"对话框中"公式"编辑框中输入" = sum(above)"，单击"确定"按钮。照此方法在其余各单元格中填入该列各单元格中数据的总和。

3）解题步骤

（1）选择表格，在"开始"选项卡"段落"分组中，单击"居中"按钮。

（2）选择表格，在"表格工具"的"设计"功能区"表格样式"分组中，选择第 2个样式"浅色底纹"。

（3）保存文件。

操作结果如图 5.6 所示。

利民连锁店集团销售统计表

	一季度	二季度	三季度	四季度
海淀区连锁店	1024	2239	2569	3890
西城区连锁店	1589	3089	4120	4500
东城区连锁店	1120	2498	3001	3450
朝阳区连锁店	890	1109	2056	3002
小计	4623	8935	11746	14842

图 5.6

上机操作题 7 操作步骤：

1）解题步骤

（1）选中表格最后一行的单元格，在"表格工具"的"布局"功能区"行和列"分组中，单击"在下方插入"按钮，插入一行，并输入最后一行的行标题"平均分"。

（2）单击"平均分"行的第 2 列，在"表格工具"的"布局"功能区"数据"分组中，单击"公式"按钮。在弹出的"公式"对话框中"公式"文本框中输入"＝average（above）"；在"编号格式"组合框中输入"0.0"，单击"确定"按钮。照此方法在其余各单元格中填入该列各单元格中数据的平均分。

（3）选中表格，在"表格工具"的"布局"功能区"数据"分组中，单击"排序"按钮。在弹出的"排序"对话框中，选择"主要关键字"为"大学英语"，单击"升序"单选按钮，单击"确定"按钮。

2）解题步骤

（1）选择表格，在"表格工具"的"布局"功能区"对齐方式"分组中，单击"水平居中"按钮。

（2）选择表格的第 1 行，在"表格工具"的"设计"功能区"表格样式"分组中，单击"底纹"下拉按钮，选择"茶色"。

3）解题步骤

（1）选择表格的第 1 行第 1 列，在"表格工具"的"布局"功能区"单元格大小"分组中，设置高度："1.25 厘米"，即将该行变高。

（2）选择表格，在"表格工具"的"设计"功能区"表格样式"分组中，单击"边框"下拉按钮，选择"斜下框线"。

（3）分别输入两行文字，列标题为"姓名"，行标题为"科目"。

（4）保存文件。

操作结果如图 5.7 所示。

科目\\姓名	大学英语	数据结构	高等数学	普通物理
刘一平	52	50	45	63
周明	75	68	65	78
张一平	80	87	57	67
刘志	80	89	87	72
胡小民	87	69	90	78
朱化东	90	73	74	65
平均分	77.3	72.7	69.7	70.5

图 5.7

上机操作题 8 操作步骤：

1）解题步骤

（1）选中标题段，在"开始"选项卡"字体"分组中，设置中文字体为"宋体"，字号为"三号"，字形为"加粗"，字体颜色为"红色"。

(2)选中标题段，在"开始"选项卡"段落"分组中，单击"居中"按钮。

(3)选中标题段，在"开始"选项卡"段落"分组中，单击"边框"下拉按钮，打开"边框和底纹"对话框，选中"底纹"选项卡，设置填充色为"黄色"，选择应用于"段落"，单击"确定"按钮。

2)解题步骤

(1)选中正文前4段，在"开始"选项卡"字体"分组中，设置中文字体："宋体"，字号："小四"。

(2)选中正文前4段，在"开始"选项卡"段落"分组中，打开"段落"对话框。在"缩进"选项组中，设置左侧为"1.5字符"，右侧为"1.5字符"；在"特殊格式"选项组中，选择"首行缩进"，设置磅值为"2字符"；在"间距"选项组中，设置段前为"1行"，单击"确定"按钮。

3)解题步骤

(1)选中表格标题，在"开始"选项卡"字体"分组中，设置中文字体："宋体"，字号："四号"，字形："倾斜"。

(2)选中表格标题，在"开始"选项卡"段落"分组中，单击"居中"按钮。

4)解题步骤

(1)在"插入"选项卡的"插图"分组中，单击"剪贴画"按钮，在弹出的"剪贴画"窗格中"搜索文字"栏输入"声音"，单击"搜索"按钮；单击搜索到的"sound file声音文件"，将剪贴画插入当前文档中。

(2)选中插入的剪贴画，在"图片工具"的"格式"功能区"大小"分组中设置高度："2厘米"，宽度："2厘米"。

(3)在"排列"分组中单击"位置"按钮，在下拉列表中选择"其他布局选项"。打开"布局"对话框。在文字环绕选项卡中选择"环绕方式"为"穿越型"，单击"确定"按钮。最后拖动剪贴画到第4段正文的右边。

5)解题步骤

(1)选中最后7行文字，在"插入"选项卡"表格"分组中，单击"表格"按钮，选择"文本转换成表格"选项，弹出"将文字转换成表格"对话框，单击"确定"按钮。

(2)选中表格，在"开始"选项卡"段落"分组中，单击"居中"按钮。

(3)选中表格，在"表格工具"的"布局"功能区"单元格大小"分组中，设置宽度为"3厘米"，按Enter键确定。

(4)选中表格，在"开始"选项卡"字体"分组中，设置中文字体："宋体"，字号："五号"。

(5)选中表格第一行，在"表格工具"的"布局"功能区"对齐方式"分组中，单击"水平居中"按钮。按照同样操作设置其他行为"中部两端对齐"。

(6)保存文件。

操作结果如图5.8所示。

音调、音强与音色

　　声音是模拟信号的一种，从人耳听觉的角度看，声音的质量特性主要体现在音调、音强和音色三个方面。

　　音调与声音的频率有关，频率快则声音尖高，频率慢则声音显得低沉。声音按频率可分为：次声（小于20Hz）、可听声（20～20000Hz）和超声（大于20000Hz）。

　　音强即声音音量，它与声波的振动幅度有关，反映了声音的大小和强弱，振幅大则音量大。

　　振幅和周期都不变的声音称为纯音，但自然界中的大部分声音一般都不是纯音，而是由不同振幅的声波组合起来的一种复音。在复音中的最低频率称为该复音的基频。复音中其他频率称之为谐音，基频和谐音组合起来，决定了声音的音色，使人们有可能对不同的声音特征加以辨认。

不同种类声音的频带宽度

声音类型	频带宽度
男性声音	100Hz～9kHz
女性声音	150Hz～10kHz
电话语音	200Hz～3.4kHz
调幅广播	50Hz～7kHz
调频广播	20Hz～15kHz
宽带音响	20Hz～20kHz

图 5.8

上机操作题 9 操作步骤：

1）解题步骤

（1）选中标题在"开始"选项卡"字体"分组中，设置中文字体为"黑体"，字号为"三号"，颜色为"红色"，字形为"加粗"。

（2）选中标题段，在"开始"选项卡"段落"分组中，单击"居中"按钮。

2）解题步骤

（1）选中正文第 2～7 段，在"开始"选项卡"段落"分组中，单击右侧的下三角对话框启动器，弹出"段落"对话框。单击"缩进和间距"选卡，在"缩进"选项组中，设置左侧为"4字符"，右侧为"4字符"，单击"确定"按钮。

（2）选中目标文本，在"开始"选项卡的"段落"分组中，单击"编号"下拉列表，选择"1)、2)、3)、"选项，按照题目要求设置项目编号。

（3）选中目标文本，在"开始"选项卡的"段落"分组中，单击"项目符号"下拉列表，选择带有"●"图标的项目符号。

（4）选中添加的项目符号，在"开始"选项卡的"段落"分组中，单击右侧的下三角对话框启动器，弹出"段落"对话框，单击"缩进和间距"选项卡，在"缩进"选项组中，设置左缩进："3厘米"，在"特殊格式"选项组中，选择"无"，单击"确定"按钮。

3）解题步骤

（1）选中全部文本(包括标题段)，在"开始"选项卡"编辑"分组中，单击"替换"

按钮，弹出"查找和替换"对话框，在"查找内容"中输入"防线"，在"替换为"中输入"防线"，单击"更多"按钮，再单击"格式"按钮，在弹出的菜单中选择"字体"选项，弹出"查找字体"对话框。在"着重号"中选择"·"，单击"全部替换"按钮，会弹出提示对话框，在该对话框中直接单击"确定"按钮。

(2)鼠标移动到编号 3)的文段之后，在"插入"选项卡的"页"分组中，单击"分页"按钮，即插入分页符。

(3)在"插入"选项卡的"页眉和页脚"分组中，单击"页码"下拉按钮，选择"页面顶端"的"普通数字 2"效果。单击"关闭页眉和页脚"按钮。

4)解题步骤

(1)选中正文中最后 16 行文本，单击"插入"选项卡中的"表格"按钮下拉列表，选择"文本转换成表格"选项，弹出"将文字转换成表格"对话框，单击"确定"按钮。

(2)选中第 3、4 列的第 13～16 个单元格，单击鼠标右键，在弹出的快捷菜单中选择"合并单元格"命令。按照同样的操作合并第 3、4 列的第 9～12 个单元格、第 5～8 个单元格、第 2～4 个单元格。

(3)选中表格第 3 列，在"表格工具"的"布局"功能区"单元格大小"分组中，设置宽度："3 厘米"，按 Enter 键。按同样的方式设置第 4 列的列宽为"1.8 厘米"。

(4)选中表格，在"开始"选项卡"段落"组中，单击"居中"按钮。

5)解题步骤

(1)选中表格标题，在"插入"选项卡"文本"分组中，单击"艺术字"下拉列表，选择第 1 行第 2 列的艺术字效果，即将标题转换成了艺术字。

(2)选中表格标题，在"开始"选项卡的"段落"分组中，单击"居中"按钮。

(3)选中整个表格，在"表格工具"的"设计"功能区"绘图边框"分组中，设置笔划粗细为"3 磅"，笔样式为"单实线"，笔颜色为"黑色"，然后单击"表格样式"分组中"边框"按钮下拉列表，先选择"无框线"，再选择"下框线"和"上框线"选项。

(4)选中整个表格，在"表格工具"的"设计"功能区"绘图边框"组中，设置笔划粗细为"1 磅"，笔样式为"单实线"，笔颜色为"黑色"，然后单击"表格样式"分组中"边框"按钮下拉列表，选择"内部框线"。

(5)保存文件。

操作结果如图 5.9 所示。

银行危机的三道防线

一般而言，防范银行危机主要有三道防线：

1)　第一道防线：预防性监管——防患于未然。俗话说，"防火重于救灾"，银行危机也不例外。对银行业的预防性监管可以说是第一道防线。预防性监管主要包括：
- 市场准入管理
- 资本充足要求
- 清偿能力管制
- 业务领域限制

2) 第二道防线：存款保险制度———危机"传染"的"防火墙"。自20世纪30年代美国建立存款保险制度以来，许多国家都相继建立了类似的存款保险制度。存款保险制度为储户的存款提供保险，一旦危机发生，可以保证一定数额的存款不受损失。存款保险制度就像一道"防火墙"，即使某家银行倒闭，也能在一定程度上稳定老百姓的信心，防止由于恐慌的迅速传染和扩散而引发银行破产的连锁反应。

3) 第三道防线：紧急援助———"亡羊补牢，犹未为晚"。即使有了前两道防线，也仍然难以保证银行体系的绝对安全，这就需要中央银行危难时刻紧急援助，力挽狂澜，这也是最后一道防线。人们从以往的痛苦中吸取了教训，每当银行出现危机时，只要不是病入膏肓，中央银行一般会通过特别贷款等措施向这家银行提供紧急援助，以防止事态进一步扩大。

2.

各细分指标的权重

最底层指标	权重值	所属第一层级	权重值
价格比率	0.078	服务水平	0.479
交货期	0.142		
交货质量合格率	0.259		
市场敏捷性	0.008	企业能力	0.145
生产柔性	0.043		
信息化水平	0.018		
生产规模	0.076		
信息共享程度	0.017	合作程度	0.315
其他合作者评价	0.034		
准时交货单	0.175		
订单完成率	0.089		
资产负债率	0.034	财务能力	0.061
资产收益率	0.007		
销售收入增长率	0.003		
净利润增长率	0.017		

图 5.9

上机操作题 10 操作步骤：

1）解题步骤

（1）选中标题段，在"开始"选项卡的"字体"分组中，设置中文字体为"黑体"，字号为"二号"，字体颜色为"红色"。

（2）选中标题段，在"开始"选项卡的"段落"分组中，单击"居中"按钮。

2）解题步骤

（1）选中正文第 2 行到第 4 行文字，在"开始"选项卡的"字体"分组中，设置中文字体为"宋体"，字号为"小四"。

（2）选中正文第 2～4 行文字，在"开始"选项卡的"段落"分组中，打开"段落"对话框。单击"缩进和间距"选项卡，在"特殊格式"选项组中，设置"首行缩进"："2 字符"；在"间距"选项组中，设置行距为"多倍行距"，设置值为"1.25"，单击"确定"按钮。

（3）选中正文第 2～4 行文字，在"开始"选项卡的"字体"分组中，单击"字符底纹"按钮和"字符边框"按钮。

3）解题步骤

（1）选中第 1 行文字，在"开始"选项卡的"字体"分组中，设置中文字体为"宋体"，字号为"小三"，字体颜色为"红色"。

（2）选中第 1 行文字，在"开始"选项卡的"段落"分组中，打开"段落"对话框。单击"缩进和间距"选项卡，在"间距"选项组中，设置段后为"0.5 行"，单击"确定"按钮。

（3）选中设置好的第 1 行文字，单击"开始"选项卡"剪贴板"分组中的"格式刷"按钮，在第 5 行文字处鼠标拖动，即将该文字设置成了第 1 行的文字效果。

4）解题步骤

（1）选中表格，在"开始"选项卡的"段落"分组中，单击"居中"按钮。

（2）选中表格第 2 列，在"表格工具"的"布局"功能区"单元格大小"分组中，设置宽度："5 厘米"；按照同样的操作设置其余列列宽为"2 厘米"。 选中整个表格，设置高度为"0.5 厘米"。

（3）选中表格，在"表格工具"的"布局"功能区"对齐方式"分组中，单击"水平居中"按钮。

（4）选中表格，在"表格工具"的"布局"功能区"表格样式"分组中，单击"底纹"按钮，在下拉列表中设置填充色为"橄榄色"。

5）解题步骤

单击"授课学时"合计单元格，在"表格工具"的"布局"功能区"数据"分组中，单击"公式"按钮，弹出"公式"对话框。在"公式"输入框中输入"=sum(above)"，单击"确定"按钮。按照同样的操作计算"实验学时"合计的内容。

6）解题步骤

（1）在"页面布局"选项卡"页面设置"分组中，单击"纸张方向"下拉按钮，选择"横向"效果；在"页面背景"分组中，单击"水印"下拉按钮，选择"紧急"分组中的"紧急 1"效果。

（2）保存文件。

操作结果如图 5.10 所示。

《数据结构》教学实施意见

一、课程的目的与要求

《数据结构》课程是计算机应用专业一门重要的专业基础课，它的主要任务是讨论数据的各种逻辑结构、物理结构以及相关的算法。目的是使学生能够根据实际问题的需要选择合适的数据结构和设计算法。

二、课时安排

序号	教学内容	授课学时	实验学时
1	绪论	2	0
2	线性表	6	6
3	栈和队列	6	4
4	串	4	0
5	数组、特殊矩阵和广义表	6	0
6	二叉树	8	6
7	图	8	6
8	查找	6	6
9	排序	6	4
10	文件	4	0
	合计	56	32

图 5.10

5.3 Excel 2010 的使用

5.3.1 上机习题集

上机操作题 1：打开工作簿文件 Excel1.xlsx，其内容如图 5.11 所示。复制该内容到新插入的工作表中，并将新工作表命名为"职工工资情况表"，计算出每个职工的合计值。

	A	B	C	D	E	F
1	职工工资情况表					
2	职工号	基本工资	岗位津贴	水电费	书报费	合计
3	1065	589.8	2135	137.8	90	
4	1007	678.7	2738	321	132	
5	1001	639	2892	100.7	67	
6	1054	1028.8	4530	211.3	65	
7	1077	508	1823	56	30	

图 5.11

上机操作题 2：打开工作簿文件 Excel2.xlsx，其内容如图 5.12 所示。利用条件格式将 C3:C13 区域中数值大于或等于 85 的单元格的颜色设置为蓝色。

	A	B	C
1	成绩统计表		
2	编号	性别	成绩
3	B01	男	91
4	B02	男	76
5	B03	女	83
6	B04	女	87
7	B05	男	78
8	B06	女	98
9	B07	男	78
10	B08	男	86
11	B09	女	90
12	B10	女	88
13	B11	女	65

图 5.12

上机操作题 3：打开工作簿文件 Excel3.xlsx，其内容如图 5.13 所示。计算各位学生的平均成绩，并设置所有成绩格式为：数值型，保留两位小数。

	A	B	C	D	E
1	编号	语文	数学	英语	平均成绩
2	B001	78	87	89	
3	B002	94	66	56	
4	B003	87	89	81	
5	B004	70	75	72	
6	B005	93	95	98	
7	B006	72	76	89	
8	B007	87	80	99	
9	B008	60	55	48	
10	B009	90	76	82	
11	B010	91	70	63	

图 5.13

上机操作题 4：打开工作簿文件 Excel4.xlsx，其内容如图 5.14 所示。将 A1:C1 单元格合并为一个单元格，内容水平居中。计算人数“总计”及“所占百分比”列(所占百分比=人数/总计)，“所占百分比”列单元格格式为“百分比”型(保留一位小数)，将工作表重命名为“师资情况表”。

	A	B	C
1	某学校师资情况表		
2	职称	人数	所占百分比
3	教授	129	
4	副教授	438	
5	讲师	537	
6	助教	218	
7	总计		

图 5.14

上机操作题 5：打开工作簿文件 Excel5.xlsx，其内容如图 5.15 所示。计算“资金额”列的内容(资金额=单价×库存数量)。

	A	B	C	D
1	某电子厂库存情况表			
2	材料名称	单价(元)	库存数量(件)	资金额(元)
3	机箱	98	7279	
4	CPU芯片	340	5139	
5	主板	1206	6180	

图 5.15

上机操作题 6：打开工作簿文件 Excel6.xlsx，其内容如图 5.16 所示。计算“合计”列的内容。选取“管理费用支出情况表”的“年度”列和“合计”列的内容，建立“簇状圆柱图”，X 轴上的项为年度(系列产生在“列”)，图表标题为“管理费用支出情况表”，插入工作表的 A8:E23 单元格区域内。

上机操作题 7：打开工作簿文件 Excel7.xlsx，其内容如图 5.17 所示。操作要求如下：
(1)选取“职称”和“所占百分比”两列的数据(不包含“总计”行)建立

	A	B	C	D
1	管理费用支出情况表			
2	年度	房租(万元)	水电(万元)	合计(万元)
3	2011年	16.57	13.78	
4	2012年	17.89	17.12	
5	2013年	20.78	19.41	
6	2014年	28.67	23.67	

图 5.16

"三维饼图"（系列产生在"列"），数据标志为"百分比"，图表标题为"学校师资情况图"。

(2)修改图表类型为"分离型饼图"，修改标题为"在校教师师资情况分析图"，将图插入到 A9:E22 单元格区域。

	A	B	C
1	某学校师资情况表		
2	职称	人数	所占百分比
3	教授	129	9.8%
4	副教授	438	33.1%
5	讲师	537	40.6%
6	助教	218	16.5%
7	总计	1322	100.0%

图 5.17

上机操作题 8：打开工作簿文件 Excel8.xlsx，其内容如图 5.18 所示。操作要求如下：

(1)将 Sheet1 工作表的 A1:M1 单元格合并为一个单元格，内容水平居中；计算"全年平均"列的内容(数值型，保留两位小数)，计算"最高值"和"最低值"行的内容(数值型，保留两位小数)；将工作表重命名为"经济增长指数对比表"。

(2)选取"经济增长指数对比表"的 A2:L5 数据区域的内容，建立"带数据标记的折线图"(系列产生在"行")，标题为"经济增长指数对比图"，设置 Y 轴刻度最小值为 50，最大值为 210，主要刻度单位为 20，X轴交叉于 50；将图表区设置成绿色背景。

	A	B	C	D	E	F	G	H	I	J	K	L	M
1	某地区经济增长对比表												
2	月份	2月	3月	4月	5月	6月	7月	8月	9月	10月	11月	12月	全年平均
3	2012年	78.9	82.4	88.8	94.5	100.7	110	104.6	116.9	121.4	130.6	138.4	
4	2013年	93.6	99.4	106	116.8	110.4	120.4	130.4	129.4	139.4	145.8	130.4	
5	2014年	110.5	117.5	121	123.7	132	128.6	139.4	144	156.4	150.8	160	
6	最高值												
7	最低值												

图 5.18

上机操作题 9：打开工作簿文件 Excel9.xlsx，其内容如图 5.19 所示。对工作表 Sheet1 的内容按主要关键字"总成绩"的递减次序和次要关键字"性别"的递增次序进行排序。

	A	B	C	D	E
1	姓名	性别	笔试成绩	机试成绩	总成绩
2	周小四	男	78	87	81.6
3	张小艳	女	94	66	82.8
4	马波	男	87	89	87.8
5	丁小平	男	70	75	72
6	李明喜	男	75	79	76.6
7	程欣	女	78	87	81.6
8	申珊珊	女	87	80	84.2
9	李强	男	60	55	58
10	周强	男	80	87	82.8
11	孙艳艳	女	78	87	81.6

图 5.19

上机操作题 10：打开工作簿文件 Excel10.xlsx，其内容如图 5.20 所示。对工作表 Sheet1 的内容进行自动筛选，筛选条件是"系别"为"电子工程"或"自动控制"，筛选后的结果保存在 Excel10jg.xlsx 工作簿文件中。

	A	B	C	D	E	F
1	系别	学号	姓名	笔试成绩	机试成绩	总成绩
2	计算机	14021	马波	87	89	87.8
3	电子工程	14067	申珊珊	87	80	84.2
4	电子工程	14028	周强	80	87	82.8
5	自动控制	14091	张小艳	94	66	82.8
6	计算机	14022	周小四	78	87	81.6
7	电子工程	14090	程欣	78	87	81.6
8	自动控制	14034	孙艳艳	78	87	81.6
9	电子工程	14048	李明喜	75	79	76.6
10	自动控制	14076	丁小平	70	75	72
11	计算机	14009	李强	60	55	58
12	自动控制	14031	朱刘民	89	78	84.6
13	计算机	14015	李支苊	89	78	84.6
14	计算机	14024	杜娜	65	47	57.8

图 5.20

上机操作题 11：打开工作簿文件 Excel11.xlsx，其内容如图 5.21 所示。对工作表 Sheet1 的数据清单按"学历"进行分类汇总，汇总方式为"计数"，汇总项为"学历"，汇总结果显示在数据下方。

	A	B	C	D	E	F	G	H
1	编号	姓名	学历	部门	基本工资	岗位津贴	水电费	实发工资
2	1	张川	大学本科	广告部	3000	2400	120	5280
3	2	唐远洋	研究生	技术部	4500	3800	230	8070
4	3	曾智慧	大专	办公室	2800	2000	170	4630
5	4	李东蕾	大专	广告部	3500	2800	189	6111
6	5	张艳群	研究生	技术部	4500	4000	156	8344
7	6	何群芳	大学本科	广告部	4100	3500	210	7390
8	7	孙艳艳	研究生	广告部	4500	4200	220	8480
9	8	李明喜	大学本科	财务部	4000	2900	254	6646
10	9	丁小平	大学本科	技术部	4400	3800	160	8040
11	10	李强	研究生	办公室	4000	3000	79	6921
12	11	颜玉洁	大学本科	财务部	3500	2400	110	5790
13	12	杜科力	大专	财务部	3000	2600	200	5400

图 5.21

上机操作题 12：打开工作簿文件 Excel12.xlsx，其内容如图 5.22 所示。将 Sheet1 工作表的 A1:E1 单元格合并为一个单元格，水平对齐方式设置为居中；计算人数的总计和所占百分比（所占百分比=人数/人数总计，单元格格式的数字分类为"百分比"，小数位数为 2）；计算各年龄段补助的合计（补助合计=补助×人数）和补助合计的总计，将工作表命名为"员工补助情况表"。

	A	B	C	D	E
1	某单位员工补助情况表				
2	年龄	人数	所占百分比	补助	补助合计
3	30以下	26		1250	
4	30至39	48		1550	
5	40至49	38		1850	
6	50及以上	18		2150	
7	总计				

图 5.22

上机操作题 13：打开工作簿文件 Excel13.xlsx，其内容如图 5.23 所示。计算"投诉量"列的"总计"行及"所占比例"列的内容（所占比例=投诉量/总计）。选取表中"产品名称"列和"所占比例"列的单元格内容（不包括"总计"行），建立"分离型圆环图"，系列产生在"列"，数据标签为"百分比"，图表标题为"产品投诉量情况图"，插入表的 A8:E19 单元格区域内。

	A	B	C
1	某企业产品投诉情况表		
2	产品名称	投诉量	所占比例
3	电子台历	78	
4	电话机	67	
5	录音机	90	
6	总计		

图 5.23

上机操作题 14：打开工作簿文件 Excel14.xlsx，其内容如图 5.24 所示。计算各种设备的销售额（销售额=单价×数量）及销售额的总计（销售额及总计的单元格格式数字分类为"货币"，货币符号为￥，小数点位数为 0）。选取表中"设备名称"和"销售额"两列的内容（"总计"行除外）建立"簇状圆锥图"，X 轴为设备名称，标题为"设备销售情况图"，不显示图例，X 轴和 Y 轴显示主要网络线，将图插入工作表的 A9:F22 单元格区域内。

	A	B	C	D
1	某公司年设备销售情况表			
2	设备名称	数量	单价	销售额
3	MP3	120	430	
4	台式机	35	4100	
5	笔记本	78	6500	
6	打印机	40	1200	
7	数码相机	63	3200	
8			总计	

图 5.24

上机操作题 15：打开工作簿文件 Excel15.xlsx，其内容如图 5.25 所示。对工作表内数据清单的内容进行自动筛选，条件是"系别"为"自动控制"或"数学"。并且"理论成绩"大于或等于 75。筛选后的工作表名不变，工作簿名不变。

	A	B	C	D	E	F
1	系别	学号	姓名	理论成绩	实验成绩	总成绩
2	信息技术	2014021	周星玉	84	87	85.2
3	外语	2014067	丁世晶	87	89	87.8
4	自动控制	2014028	朱支家	87	80	84.2
5	信息技术	2014091	李支苊	80	87	82.8
6	信息技术	2014022	杜鄹	94	66	82.8
7	外语	2014090	马波	78	87	81.6
8	自动控制	2014034	申珊珊	78	87	81.6
9	数学	2014048	周强	78	87	81.6
10	外语	2014076	张小艳	75	79	76.6
11	信息技术	2014009	周小四	70	75	72
12	外语	2014031	程欣	60	55	58
13	数学	2014015	孙艳艳	89	78	84.6
14	自动控制	2014024	李明喜	89	78	84.6
15	自动控制	2014045	丁小平	65	47	57.8
16	数学	2014064	李强	68	90	76.8
17	数学	2014090	朱刘民	80	87	82.8

图 5.25

上机操作题 16：打开工作簿文件 Excel16.xlsx，其内容如图 5.26 所示。将 Sheet1 工作表 A1:E1 单元格合并为一个单元格，内容水平居中；计算"同比增长"列的内容（同比增长=(13 年销售量-12 年销售量)/12 年销售量，百分比型，保留两位小数）；如果"同比增长"列内容大于或等于 20%，在"备注"列内给出信息"较快"，否则内容为" "（一个空格）（利用 IF 函数）。

	A	B	C	D	E
1	某产品近两年销售统计表(单位:个)				
2	月份	13年	12年	同比增长	备注
3	1月	187	145		
4	2月	70	67		
5	3月	102	78		
6	4月	231	190		
7	5月	223	217		
8	6月	345	334		
9	7月	333	298		
10	8月	212	176		
11	9月	245	199		
12	10月	167	123		
13	11月	156	132		
14	12月	90	85		

图 5.26

上机操作题 17：打开工作簿文件 Excel17.xlsx，其内容如图 5.27 所示。对工作表内数据清单的内容按主要关键字"经销部门"降序和次要关键字"季度"升序进行排序，对排序后的数据进行高级筛选（在数据表格前插入 3 行，条件区域设在 A1:B2 单元格区域），条件为社科类图书且销售量排名在前 20 名。

	A	B	C	D	E	F
1	某图书销售公司销售情况表					
2	经销部门	图书类别	季度	数量(册)	销售额(元)	销售量排名
3	第2分部	计算机类	3	313	11500	6
4	第1分部	少儿类	2	215	4500	18
5	第2分部	社科类	2	135	2856	24
6	第3分部	社科类	1	146	2749	26
7	第2分部	少儿类	2	256	6400	10
8	第1分部	计算机类	2	230	4200	19
9	第1分部	社科类	3	380	13500	3
10	第2分部	社科类	3	410	16500	1
11	第3分部	计算机类	1	80	1600	40
12	第1分部	社科类	1	269	5600	16
13	第3分部	少儿类	2	110	2000	34

图 5.27

5.3.2　上机习题参考答案

上机操作题 1 操作步骤：

(1)打开工作簿文件 Excel1.xlsx。

(2)右键单击工作表标签 Sheet1，从菜单中选择"插入"命令，在对话框中选择"工作表"，单击"确定"按钮，在当前工作簿中插入一个名为 Sheet4 的空白工作表。

(3)选中 Sheet1 中"职工工资情况表"的所有内容，单击新建表 Sheet4 的 A1 单元格，按 Enter 键。

(4)右键单击 Sheet4 工作表标签，选择"重命名"命令，输入新的名字："职工工资情况表"。

(5)将光标定位到 F3 单元格，输入公式：=B3+C3−E3−D3，按 Enter 键。

(6)选中 F3 单元格，鼠标指向其右下角的填充句柄，按住鼠标左键向下拖动到 F7 单元格，释放鼠标左键。

(7)保存工作簿文件。

操作结果如图 5.28 所示。

	A	B	C	D	E	F
1	职工工资情况表					
2	职工号	基本工资	岗位津贴	水电费	书报费	合计
3	1065	589.8	2135	137.8	90	2497
4	1007	678.7	2738	321	132	2963.7
5	1001	639	2892	100.7	67	3363.3
6	1054	1028.8	4530	211.3	65	5282.5
7	1077	508	1823	56	30	2245

图 5.28

上机操作题 2 操作步骤：

(1)打开工作簿文件 Excel2.xlsx。

(2)选定表格区域"C3:C13"，单击"开始"选项卡"样式"组"条件格式"按钮，选择"突出显示单元格规则"级联菜单的"其他规则"菜单项，打开"新建格式规则"对话框，在"编辑规则说明"中设置"单元格值大于或等于 85"。

(3)单击"格式"按钮，选择"填充"标签，单击选择"蓝色"作为填充色。

（4）单击"确定"按钮。

（5）保存工作簿文件。

操作结果如图 5.29 所示。

	A	B	C
1		成绩统计表	
2	编号	性别	成绩
3	B01	男	91
4	B02	男	76
5	B03	女	83
6	B04	女	87
7	B05	男	78
8	B06	女	66
9	B07	男	78
10	B08	男	86
11	B09	女	90
12	B10	女	88
13	B11	女	65

图 5.29

上机操作题 3 操作步骤：

（1）打开工作簿文件 Excel3.xlsx。

（2）将光标定位到 E2 单元格，在编辑栏输入公式：=AVERAGE（B2:D2），按 Enter 键。

（3）选中 E2 单元格，鼠标指向其右下角的填充句柄，按住鼠标左键向下拖动到 E11
单元格，释放鼠标左键。

（4）选中 B2:E11 单元格区域，单击"增加小数位数按钮" 两次。

（5）保存工作簿文件。

操作结果如图 5.30 所示。

	A	B	C	D	E
1	编号	语文	数学	英语	平均成绩
2	B001	78.00	87.00	89.00	84.67
3	B002	94.00	66.00	56.00	72.00
4	B003	87.00	89.00	81.00	85.67
5	B004	70.00	75.00	72.00	72.33
6	B005	93.00	95.00	98.00	95.33
7	B006	72.00	76.00	89.00	79.00
8	B007	87.00	80.00	99.00	88.67
9	B008	60.00	55.00	48.00	54.33
10	B009	90.00	76.00	82.00	82.67
11	B010	91.00	70.00	63.00	74.67

图 5.30

上机操作题 4 操作步骤：

（1）打开工作簿文件 Excel4.xlsx。

（2）选择 A1:C1 单元格区域，单击"开始"选项卡"对齐方式"组的"合并及居
中"按钮 合并后居中 。

（3）单击 B7 单元格，单击"开始"选项卡"编辑"组的"自动求和"按钮Σ ▾，
按 Enter 键。

（4）在 C3 单元格输入公式：=B3/$B$7，按 Enter 键。

（5）选中 C3 单元格，鼠标指向其右下角的填充句柄，按住鼠标左键向下拖动到 C6 单元格，释放鼠标左键。

（6）选择 C3:6 单元格区域，右键单击该区域，选择"设置单元格格式"菜单项，打开"设置单元格格式"对话框，在"数字"标签下选择"百分比"，并将小数位数设置为一位。

（7）右键单击标签名 Sheet1，选择"重命名"，输入"师资情况表"，按 Enter 键。

（8）保存工作簿文件。

操作结果如图 5.31 所示。

	A	B	C
1	某学校师资情况表		
2	职称	人数	所占百分比
3	教授	129	9.8%
4	副教授	438	33.1%
5	讲师	537	40.6%
6	助教	218	16.5%
7	总计	1322	100.0%

图 5.31

上机操作题 5 操作步骤：

（1）打开工作簿文件 Excel5.xlsx。

（2）单击 D3 单元格，在其中输入公式：=B3*C3，按 Enter 键。

（3）选中 D3 单元格，鼠标指向其右下角的填充句柄，按住鼠标左键向下拖动到 D5 单元格，释放鼠标左键。

（4）保存工作簿文件。

操作结果如图 5.32 所示。

	A	B	C	D
1	某电子厂库存情况表			
2	材料名称	单价(元)	库存数量(件)	资金额(元)
3	机箱	98	7279	713342
4	CPU芯片	340	5139	1747260
5	主板	1206	6180	7453080

图 5.32

上机操作题 6 操作步骤：

（1）打开工作簿文件 Excel6.xlsx。

（2）单击 D3 单元格，单击"开始"选项卡"编辑"组的"自动求和"按钮 Σ ▾，按 Enter 键。

（3）选中 D3 单元格，鼠标指向其右下角的填充句柄，按住鼠标左键向下拖动到 D6 单元格，释放鼠标左键。

（4）利用 Ctrl 键选中表中不连续的表格区域 A2:A6 和 D2:D6，单击"插入"选项卡"图表"组的"柱形图"按钮，从中选择"簇状圆柱图"，在表中快速生成一个图表。

(5)单击图表标题，输入"管理费用支出情况表"。

(6)选中图表，将鼠标指向图表右下角，当鼠标变成双向箭头时即可拖动鼠标调整图表的大小，移动并调整图表到 A8:E23 区域。

(7)保存工作簿文件。

操作结果如图 5.33 所示。

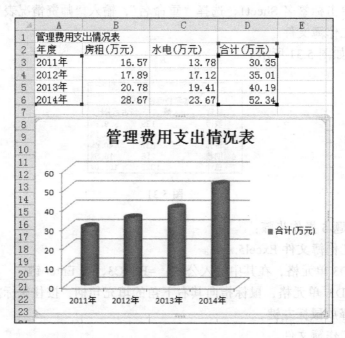

图 5.33

上机操作题 7 操作步骤：

1)第(1)题操作步骤

(1)打开工作簿文件 Excel4.xlsx。

(2)利用 Ctrl 键选中表中不连续的表格区域 A2:C6 和 C2:C6，单击"插入"选项卡"图表"组的"饼图"按钮，从中选择"三维饼图"，在表中快速生成一个图表。

(3)单击图表标题，输入"学校师资情况图"。

(4)保存工作簿文件。

2)第(2)题操作步骤

(1)单击生成的图表，单击"更改图表类型"按钮，打开"更改图表类型"对话框，选择饼图类别中的"分离型饼图"，单击"确定"按钮。

(2)单击图表标题，输入"在校教师师资情况分析图"。

(3)选中图表，将鼠标指向图表右下角，当鼠标变成双向箭头时即可拖动鼠标调整图表的大小。移动并调整图表到 A9:E22 区域。

(4)保存工作簿文件。

操作结果如图 5.34 所示。

图 5.34

上机操作题 8 操作步骤：

1) 第(1)题操作步骤

(1)打开工作簿文件 Excel8.xlsx。

(2)选择 A1:M1 单元格区域，单击"开始"选项卡"对齐方式"组的"合并及居中"按钮 合并后居中 。

(3)单击 M3 单元格，单击编辑栏"粘贴函数"按钮 fx，从对话框中选择 Average 函数，确定后显示函数的参数为 B3:L3，单击"确定"按钮。

(4)选中 M3 单元格，鼠标指向其右下角的填充句柄，按住鼠标左键向下拖动到 M5 单元格，释放鼠标左键。

(5)选择 M3:M5 单元格区域，单击"减少小数位数"按钮 两次。

(6)单击 B6 单元格，单击编辑栏"粘贴函数"按钮 fx，从对话框中选择 Max 函数，确定后显示函数的参数为 B3:B5，单击"确定"按钮。

(7)选中 B6 单元格，鼠标指向其右下角的填充句柄，按住鼠标左键向右拖动到 M6 单元格，释放鼠标左键。

(8)单击 B7 单元格，单击编辑栏"粘贴函数"按钮 fx，从对话框中选择 Min 函数，确定后显示函数的参数为 B3:B6，将 B6 修改为 B5，单击"确定"按钮。

(9)选中 B7 单元格，鼠标指向其右下角的填充句柄，按住鼠标左键向右拖动到 M7 单元格，释放鼠标左键。

(10)选中 B6:M7 单元格区域，单击"增加小数位数按钮" 一次。

(11)右键单击标签名 Sheet1，选择"重命名"，输入"经济增长指数对比表"，按 Enter 键。

（12）保存工作簿文件。

操作结果如图 5.35 所示。

	A	B	C	D	E	F	G	H	I	J	K	L	M
1						某地区经济增长对比表							
2	月份	2月	3月	4月	5月	6月	7月	8月	9月	10月	11月	12月	全年平均
3	2012年	78.9	82.4	88.8	94.5	100.7	110	104.6	116.9	121.4	130.6	138.4	106.11
4	2013年	93.6	99.4	106	116.8	110.4	120.4	130.4	129.4	139.4	145.8	130.4	120.18
5	2014年	110.5	117.5	121	123.7	132	128.6	139.4	144	156.4	150.8	160	134.90
6	最高值	110.50	117.50	121.00	123.70	132.00	128.60	139.40	144.00	156.40	150.80	160.00	134.90
7	最低值	78.90	82.40	88.80	94.50	100.70	110.00	104.60	116.90	121.40	130.60	130.40	106.11

图 5.35

2）第（2）题操作步骤

（1）选中 A2:L5 数据区域，单击"插入"选项卡"图表"组的"折线图"按钮，从中选择"带数据标记的折线图"，在表中快速生成一个图表。

（2）单击"图表工具"的"布局"标签，单击"图表标题"按钮，从菜单中选择"图表上方"，输入"经济增长指数对比图"。

（3）单击"图表工具"的"布局"标签，单击"坐标轴"按钮，单击"主要纵坐标轴"，从级联菜单中选择"其他主要纵坐标轴选项"，打开"设置坐标轴格式"对话框，如图 5.36 所示。

图 5.36

在"坐标轴选项"中设置最小值、最大值、主要刻度单位及横坐标轴交叉的值，单击"关闭"按钮。

（4）右键单击绘图区，选择"设置绘图区格式"菜单项，在"填充"中选择"纯色填充"，并在填充颜色中单击"绿色"，单击"关闭"按钮。

(5)保存工作簿文件。

操作结果如图 5.37 所示。

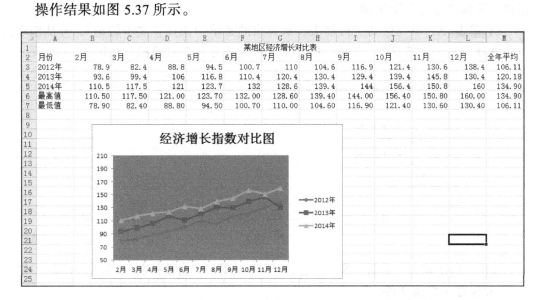

图 5.37

上机操作题 9 操作步骤：

(1)打开工作簿文件 Excel9.xlsx。

(2)选择 A1:E11 单元格区域，单击"开始"选项卡"编辑"组的"排序和筛选"按钮，选择"自定义排序"菜单项，打开"排序"对话框，在"主要关键字"栏中选择"总成绩"、"降序"；单击"添加条件"按钮，在"次要关键字"栏中设置"性别"、"升序"，单击"确定"按钮。

(3)保存工作簿文件。

操作结果如图 5.38 所示。

	A	B	C	D	E
1	姓名	性别	笔试成绩	机试成绩	总成绩
2	马波	男	87	89	87.8
3	申珊珊	女	87	80	84.2
4	周强	男	80	87	82.8
5	张小艳	女	94	66	82.8
6	周小四	男	78	87	81.6
7	程欣	女	78	87	81.6
8	孙艳艳	女	78	87	81.6
9	李明喜	男	75	79	76.6
10	丁小平	男	70	75	72
11	李强	男	60	55	58

图 5.38

上机操作题 10 操作步骤：

(1)打开工作簿文件 Excel10.xlsx。

(2)选择"文件"选项卡的"另存为"菜单项，输入文件名：Excel10jg.xlsx，单击"保存"按钮。

（3）选中 A1:F14 单元格区域，单击"开始"选项卡"编辑"组的"排序和筛选"按钮，选择"筛选"菜单项。

（4）单击 A1 单元格的下拉箭头，从弹出的菜单中选择"文本筛选"，并从级联菜单中选择"自定义筛选"，打开"自定义自动筛选方式"对话框，如图 5.39 所示。

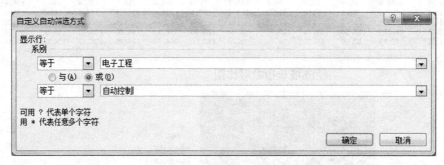

图 5.39

按图中所示输入"系别"等于"电子工程"或等于"自动控制"，单击"确定"按钮。

（5）保存工作簿文件。

操作结果如图 5.40 所示。

	系别	学号	姓名	笔试成绩	机试成绩	总成绩
1	系别 ⊤	学号 ▽	姓名 ▽	笔试成绩 ▽	机试成绩 ▽	总成绩 ▽
3	电子工程	14067	申珊珊	87	80	84.2
4	电子工程	14028	周强	80	87	82.8
5	自动控制	14091	张小艳	94	66	82.8
7	电子工程	14090	程欣	78	87	81.6
8	自动控制	14034	孙艳艳	78	87	81.6
9	电子工程	14048	李明喜	75	79	76.6
10	自动控制	14076	丁小平	70	75	72
12	自动控制	14031	朱刘民	89	78	84.6

图 5.40

上机操作题 11 操作步骤：

（1）打开工作簿文件 Excel11.xlsx。

（2）选中表格区域 A1:H13，单击"开始"选项卡"编辑"组的"排序和筛选"按钮，选择"自定义排序"菜单项，打开"排序"对话框，在"主要关键字"栏中选择"学历"、"升序"，单击"确定"按钮。

（3）单击"数据"选项卡"分级显示"组的"分类汇总"按钮，打开"分类汇总"对话框，在"分类字段"框中选择"学历"，在"汇总方式"框中选择"计数"，在"选定汇总项"中选中"学历"复选框，单击"确定"按钮。

（4）单击"保存"按钮。

操作结果如图 5.41 所示。

上机操作题 12 操作步骤：

（1）打开工作簿文件 Excel12.xlsx。

	A	B	C	D	E	F	G	H
1	编号	姓名	学历	部门	基本工资	岗位津贴	水电费	实发工资
2	1	张川	大学本科	广告部	3000	2400	120	5280
3	6	何群芳	大学本科	广告部	4100	3500	210	7390
4	8	李明喜	大学本科	财务部	4000	2900	254	6646
5	9	丁小平	大学本科	技术部	4400	3800	160	8040
6	11	颜玉洁	大学本科	财务部	3500	2400	110	5790
7		大学本科 计数	5					
8	3	曾智慧	大专	办公室	2800	2000	170	4630
9	4	李东蕾	大专	广告部	3500	2800	189	6111
10	12	杜科力	大专	财务部	3000	2600	200	5400
11		大专 计数	3					
12	2	唐远洋	研究生	技术部	4500	3800	230	8070
13	5	张艳群	研究生	技术部	4500	4000	156	8344
14	7	孙艳艳	研究生	广告部	4500	4200	220	8480
15	10	李强	研究生	办公室	4000	3000	79	6921
16		研究生 计数	4					
17		总 计数	12					

图 5.41

(2)选中表格区域 A1:E1，单击"开始"选项卡"对齐方式"组的"合并及居中"按钮。

(3)单击 B7 单元格，单击"开始"选项卡"编辑"组的"自动求和"按钮Σ▾，按 Enter 键。

(4)在 C3 单元格中输入公式：=B3/$B$7。选中 C3 单元格，鼠标指向其右下角的填充句柄，按住鼠标左键向下拖动到 C6 单元格，释放鼠标左键。

(5)选中 C3:C6 单元格区域，右键单击该区域，选择"设置单元格格式"菜单项，打开"设置单元格格式"对话框，在"数字"标签下选择"百分比"，并将小数位数设置为2。

(6)在 E3 单元格输入公式：=B3*D3。选中 E3 单元格，鼠标指向其右下角的填充句柄，按住鼠标左键向下拖动到 E6 单元格，释放鼠标左键。

(7)单击 E7 单元格，单击"开始"选项卡"编辑"组的"自动求和"按钮Σ▾，按 Enter 键。

(8)右键单击 Sheet1 工作表标签，选择"重命名"命令，输入新的名字：员工补助情况表。

(9)单击"保存"按钮。

操作结果如图 5.42 所示。

	A	B	C	D	E
1	某单位员工补助情况表				
2	年龄	人数	所占百分比	补助	补助合计
3	30以下	26	20.00%	1250	32500
4	30至39	48	36.92%	1550	74400
5	40至49	38	29.23%	1850	70300
6	50及以上	18	13.85%	2150	38700
7	总计	130			215900

图 5.42

上机操作题 13 操作步骤：

(1)打开工作簿文件 Excel13.xlsx。

（2）单击 B6 单元格，单击"开始"选项卡"编辑"组的"自动求和"按钮 **Σ** ，按 Enter 键。

（3）在 C3 单元格输入公式：=B3/$B$6。选中 C3 单元格，鼠标指向其右下角的填充句柄，按住鼠标左键向下拖动到 C5 单元格，释放鼠标左键。

（4）利用 Ctrl 键选中表中不连续的表格区域 A2:A5 和 C2:C5，单击"插入"选项卡"图表"组右下角箭头，打开"插入图表"对话框，在左侧模板中选择"圆环图"，并在右侧选择"分离型圆环图"，单击"确定"按钮。

（5）单击图表标题，输入"产品投诉量情况图"。

（6）选中图表，单击"图表工具"的"布局"标签，单击"数据标签"按钮，单击"其他数据标签选项"，打开如图 5.43 所示的"设置数据标签格式"对话框，在"标签选项"中选中"百分比"，取消默认值"值"。

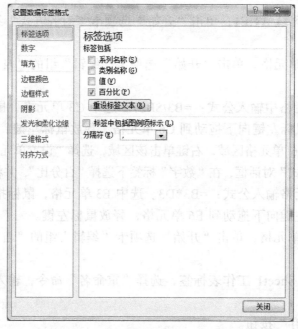

图 5.43

（7）选中图表，将鼠标指向图表右下角，当鼠标变成双向箭头时即可拖动鼠标调整图表的大小。移动并调整图表到 A8:E19 区域。

（8）保存工作簿文件。

操作结果如图 5.44 所示。

上机操作题 14 操作步骤：

（1）打开工作簿文件 Excel14.xlsx。

（2）在 D3 单元格输入公式：=B3*C3。选中 D3 单元格，鼠标指向其右下角的填充句柄，按住鼠标左键向下拖动到 D7 单元格，释放鼠标左键。

图 5.44

(3)单击 D8 单元格，单击"开始"选项卡"编辑"组的"自动求和"按钮Σ ▾，按 Enter 键。

(4)按住 Ctrl 键选中表中不连续的表格区域 A2:A7 和 D2:D7，单击"插入"选项卡"图表"组的"柱形图"，从中选择"簇状圆锥图"，在表中快速生成一个图表。

(5)单击图表标题，输入"设备销售情况图"。

(6)右键单击图例，选择"删除"命令。

(7)选中图表，单击"图表工具"的"布局"标签，单击"网格线"按钮，单击"主要纵网格线"，从级联菜单中选中"主要网格线"（X 轴主要网格线默认已添加）。

(8)选中图表，将鼠标指向图表右下角，当鼠标变成双向箭头时即可拖动鼠标调整图表的大小。移动并调整图表到 A9:F22 区域。

(9)保存工作簿文件。

操作结果如图 5.45 所示。

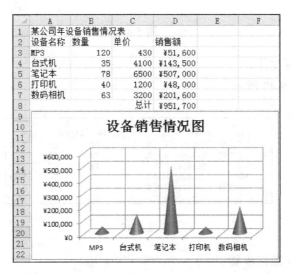

图 5.45

上机操作题 15 操作步骤:

(1)打开工作簿文件 Excel15.xlsx。

(2)选中 A1:F17 单元格区域,单击"数据"选项卡"排序和筛选"组的"筛选"按钮。

(3)单击 A1 单元格的下拉箭头,打开如图 5.46(a)所示的界面,将"文本筛选"下面的"外语"、"信息技术"复选框去掉,只保留"数学"和"自动控制",单击"确定"按钮。

(4)单击 D1 单元格的下拉箭头,打开如图 5.46(b)所示的界面,选择"数字筛选"级联菜单中的"大于或等于"选项,在文本框中输入"75",单击"确定"按钮。

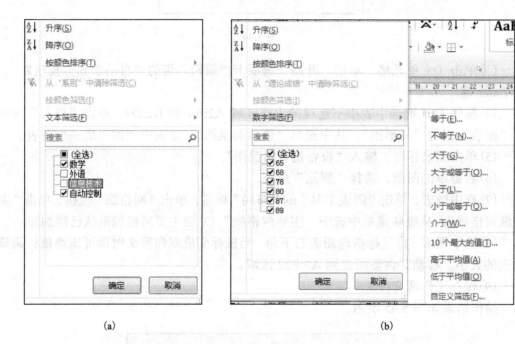

(a)   (b)

图 5.46

(5)保存工作簿文件。

操作结果如图 5.47 所示。

	A	B	C	D	E	F
1	系别	学号	姓名	理论成绩	实验成绩	总成绩
4	自动控制	2014028	朱支家	87	80	84.2
8	自动控制	2014034	申珊珊	78	87	81.6
9	数学	2014048	周强	78	87	81.6
13	数学	2014015	孙艳艳	89	78	84.6
14	自动控制	2014024	李明喜	89	78	84.6
17	数学	2014090	朱刘民	80	87	82.8

图 5.47

上机操作题 16 操作步骤:

(1)打开工作簿文件 Excel16.xlsx。

(2)将光标定位到 D3 单元格，在编辑栏输入公式：=(B3－C3)/C3。选中 D3 单元格，鼠标指向其右下角的填充句柄，按住鼠标左键向下拖动到 D14 单元格，释放鼠标左键。

(3)选中 D3:D14 单元格区域，右键单击该区域，选择"设置单元格格式"菜单项，打开"设置单元格格式"对话框，在"数字"标签下选择"百分比"，并将小数位数设置为 2。

(4)将光标定位到 E3 单元格，在编辑栏输入公式："=IF(D3>20%, "较快","")"。选中 E3 单元格，鼠标指向其右下角的填充句柄，按住鼠标左键向下拖动到 E14 单元格，释放鼠标左键。

(5)保存工作簿文件。

操作结果如图 5.48 所示。

⁄	A	B	C	D	E
1	某产品近两年销售统计表(单位:个)				
2	月份	13年	12年	同比增长	备注
3	1月	187	145	28.97%	较快
4	2月	70	67	4.48%	
5	3月	102	78	30.77%	较快
6	4月	231	190	21.58%	较快
7	5月	223	217	2.76%	
8	6月	345	334	3.29%	
9	7月	333	298	11.74%	
10	8月	212	176	20.45%	较快
11	9月	245	199	23.12%	较快
12	10月	167	123	35.77%	较快
13	11月	156	132	18.18%	
14	12月	90	85	5.88%	

图 5.48

上机操作题 17 操作步骤：

(1)打开工作簿文件 Excel17.xlsx。

(2)选择 A2:F13 单元格区域，单击"数据"选项卡"排序和筛选"组的"排序"按钮。打开"排序"对话框，在"主要关键字"栏中选择"经销部门"、"降序"；单击"添加条件"按钮，在"次要关键字"栏中设置"季度"、"升序"，单击"确定"按钮。

(3)选中 1～3 行，右键单击选中的行，从插入菜单中单击"插入行"命令。

(4)在 A1 单元格输入：图书类别，在 A2 单元格输入：="社科类"，在 B1 单元格输入：销售量排名，在 B2 单元格输入：<=20。

(5)选择 A5:F16 单元格区域，单击"数据"选项卡"排序和筛选"组的"高级"按钮，打开如图 5.49 所示的"高级筛选"对话框。"列表区域"为默认区域，单击"条件区域"右边的按钮，选择 A1:B2 区域(也可以直接在输入框中输入 A1:B2)，单击"确定"按钮。

(6)保存工作簿文件。

操作结果如图 5.50 所示。

图 5.49　　　　　　　　　　　　　　　　图 5.50

5.4　PowerPoint 2010 的使用

5.4.1　上机习题集

上机操作题 1：打开文件 PPT1.pptx，其内容如图 5.51 所示。请完成下面对演示文稿的操作。将整个演示文稿设置成"华丽"模板；将全部幻灯片切换效果设置成"覆盖"；将第 2 张幻灯片版式改变为"垂直排列标题与文本"，然后将这张幻灯片移到演示文稿的第 1 张幻灯片；将第 3 张幻灯片的动画效果设置为"飞入"、"自左侧"。

太慢了

蜗牛去朋友蜥蜴家探访，恰好碰上蜥蜴的孩子得了急病，蜗牛便自告奋勇去请医生。三小时后，心急火燎的蜥蜴跑到门廊张望，发现蜗牛正在第三层阶梯上。"医生呢？"蜥蜴大吼。蜗牛怒目而视道："你再这样对我大喊大叫，我就不去了！"

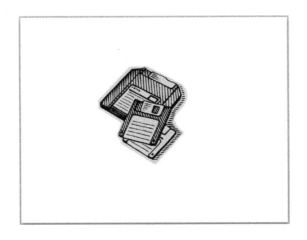

图 5.51

上机操作题 2：打开文件 PPT2.pptx，其内容如图 5.52 所示。请完成下面对演示文稿的操作。在演示文稿开始处插入一张"仅标题"幻灯片，作为文稿的第一张幻灯片，标题键入"龟兔赛跑"，设置为：加粗、66 磅；将第二张幻灯片的乌龟动画效果设置为："切入"、"自右侧"；使用模板"复合"修饰全文，全部幻灯片的切换效果设置成"平移"。

图 5.52

上机操作题 3：打开文件 PPT3.pptx，其内容如图 5.53 所示。请完成下面对演示文稿的操作。在第 3 张幻灯片的剪贴画区域中插入 Office 收藏集"学院"类中名为"academics，books，书本，学院"的剪贴画；然后将该幻灯片版式改为"内容与标题"；文本部分字体设置为："宋体"，32 磅；剪贴画动画设置为"缩放"、"幻灯片中心"；将第一张幻灯片的背景填充设置为"纹理"、"花束"；删除第 2 张幻灯片，全部幻灯片放映方式设置为"观众自行浏览"。

许愿

宏志班

宏志班

上大学

- 二〇〇四年十二月六日，北京宏志中学高三一班55名同学集体参加"拼祖国版图，许新年心愿"活动，张张心愿卡都是"上大学"，他们希望能为祖国西部发展作贡献。

　　　　　单击此处添加文本

图 5.53

上机操作题 4：打开文件 PPT4.pptx，其内容如图 5.54 所示。请完成下面对演示文稿的操作。使用"活力"模板修饰全文，全部幻灯片切换效果为"涟漪"。在第 1 张幻灯片插入一个版式为"标题幻灯片"的新幻灯片，主标题输入"神奇的章鱼保罗"，并设置为："黑体"，48 磅，蓝色（用"自定义"选项卡的红色 0、绿色 0、蓝色 220），副标题输入"8 次预测全部正确"，并设置为"宋体"，36 磅。第 3 张幻灯片的版式改为"内容与标题"，将文本移至文本区；将第 2 张幻灯片左侧图片移入第 3 张幻灯片的内容区，图片动画设置为"进入"、"展开"，文本动画设置为"进入"、"淡出"，动画顺序为先文本后图片。将第 4 张幻灯片的版式改为"比较"，文本区的第 2 段文字移到标题区域；将第 2 张幻灯片右侧的两张图片依次移入第 4 张幻灯片右下角内容区。删除第 2 张幻灯片。在第四张幻灯片前插入一个版式为"空白"的新幻灯片，插入 9 行 3 列的表格，并将第五张幻灯片的 9 行 3 列文字移入表格相应位置。删除第五张幻灯片。

图 5.54

上机操作题 5：打开文件 PPT5.pptx，其内容如图 5.55 所示。请完成下面对演示文稿的操作。对第 1 张幻灯片，主标题文字输入"发现号航天飞机发射推迟"，其字体为"黑体"，字号为 53 磅，加粗，红色(请用"自定义"选项卡的红色 250、绿色 0、蓝色 0)。
副标题输入"燃料传感器存在故障"，其字体为"宋体"，字号为 33 磅。第 2 张幻灯片版
式改为"内容与标题"，并将第 1 张幻灯片的图片移到第 2 张幻灯片的剪贴画区域，替换
原有剪贴画。第 2 张幻灯片的文本动画设置为"百叶窗"、"水平"。第 1 张幻灯片背景
填充设置为"水滴"纹理。使用"奥斯汀"模板修饰全文。放映方式为"演讲者放映"。

图 5.55

5.4.2　上机习题参考答案

上机操作题 1 操作步骤：

(1)选中所有幻灯片，在"设计"选项卡的"主题"分组中，单击"其他"下拉列
表中"华丽"模板。

(2)选中所有幻灯片，在"切换"选项卡的"切换到此幻灯片"分组中，单击"其
他"下拉列表中"细微型"选项组，选择"覆盖"效果。

(3)选中第 2 张幻灯片，在"开始"选项卡"幻灯片"分组中，单击"版式"按钮，
选择"垂直排列标题与文本"选项。

(4)大纲窗格中，选中第 2 张幻灯片，并按住鼠标左键拖动到第 1 张幻灯片之前。

(5)选中第 3 张幻灯片的图片，在"动画"选项卡的"添加动画"下拉列表中选择

"更多进入效果"选项。在"添加进入效果"对话框中，选择"基本型"选项组，"飞入"效果。再单击"效果选项"按钮，选中"自左侧"选项。

(6)保存文件。

操作结果如图 5.56 所示。

图 5.56

上机操作题 2 操作步骤：

(1)鼠标单击第 1 张幻灯片的前面位置，在"开始"选项卡的"幻灯片"分组中，单击"新建幻灯片"下拉列表，选择"仅标题"选项。

(2)在第 1 张幻灯片的主标题中输入"龟兔赛跑"。选中标题，在"开始"选项卡"字体"分组中，设置大小：66，字体样式：加粗。

(3)选中第 2 张幻灯片中的乌龟图片，在"动画"选项卡的"添加动画"下拉列表中选择"更多进入效果"选项。在"添加进入效果"对话框中，选择"基本型"选项组，"切入"效果。单击"效果选项"按钮，选择"自右侧"选项。

(4)选中全部幻灯片，在"设计"选项卡的"主题"分组中，单击"其他"下拉列表选择"复合"模板。

(5)选中所有幻灯片，在"切换"选项卡的"切换到此幻灯片"分组中，单击"其他"下拉列表中的"动态内容"选项组，选择"平移"效果。

（6）保存文件。

操作结果如图 5.57 所示。

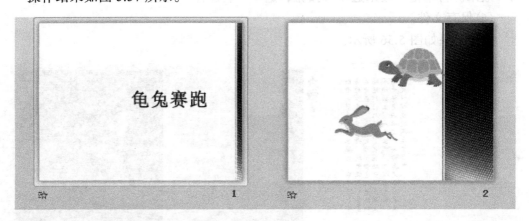

图 5.57

上机操作题 3 操作步骤：

（1）在第 3 张幻灯片的"剪贴画"图标处单击，弹出"剪贴画"窗口。在"搜索文字"中输入"学院"，单击"搜索"按钮，在出现的学院类剪贴画中选择"academics，books，书本，学院"，插入完成后关闭。

（2）选中第 3 张幻灯片，在"开始"选项卡的"幻灯片"分组中，单击"版式"下拉列表，选择"内容与标题"选项。选中第 3 张幻灯片的文本，在"开始"选项卡的"字体"分组中，设置中文字体为"宋体"，大小为 32。

（3）选中剪贴画，在"动画"选项卡的"添加动画"下拉列表中选择"更多进入效果"选项。在"添加进入效果"对话框中，选择"细微型"选项组中的"缩放"效果，单击"确定"按钮。再单击"效果选项"按钮，选中"幻灯片中心"选项。

（4）选中第 1 张幻灯片，在"设计"选项卡的"背景"分组中，选择"背景样式"下拉列表中的"设置背景格式"。在弹出的"设置背景格式"对话框，单击"填充"选项卡，选择"图片或纹理填充"，在"纹理"中选择"花束"，单击"确定"按钮。

（5）选中第 2 张幻灯片，单击鼠标右键，在快捷菜单中选择"删除幻灯片"命令。

（6）在"幻灯片放映"选项卡的"设置"分组中，单击"设置幻灯片放映"按钮，在"设置放映方式"对话框中，选择"放映类型"为"观众自行浏览（窗口）"，单击"确定"按钮。

（7）保存文件。

操作结果如图 5.58 所示。

上机操作题 4 操作步骤：

（1）在"设计"选项卡"主题"分组中，单击"其他"下拉列表选择"活力"模板。选中所有幻灯片，在"切换"选项卡"切换到此幻灯片"分组中，单击"其他"下拉列表中的 "华丽型"选项组，选择"涟漪"效果。

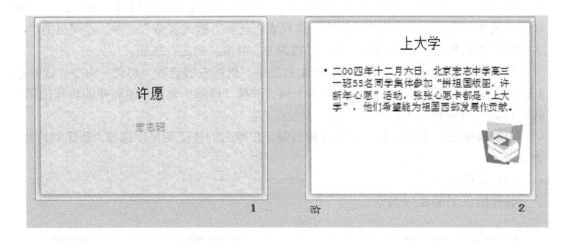

图 5.58

（2）鼠标移到第 1 张幻灯片之前，在"开始"选项卡"幻灯片"分组中，单击"新建幻灯片"下拉列表，选择"标题幻灯片"。主标题中输入"神奇的章鱼保罗"，副标题中输入"8 次预测全部正确"。

（3）选中主标题，在"开始"选项卡"字体"分组中设置中文字体为"黑体"，大小为 48，在"字体颜色"中选择"其他颜色"，弹出"颜色"对话框，单击"自定义"选项卡，输入红色为 0，绿色为 0，蓝色为 220，单击"确定"按钮。选中副标题文本，在"开始"选项卡"字体"分组中设置中文字体为"宋体"，大小为 36，单击"确定"按钮。

（4）选中第 3 张幻灯片，在"开始"选项卡"幻灯片"分组中，单击"版式"按钮，选择"内容与标题"选项。选中第 3 张幻灯片的文本，拖动鼠标到左侧文本区后释放。选中第 2 张幻灯片左侧图片，鼠标右击，选择"剪切"命令，选择第 3 张幻灯片，右键单击内容区"粘贴"命令。

（5）选中第 3 张幻灯片中的图片，在"动画"选项卡"动画"分组中，在"其他"下拉列表中选择"更多进入效果"选项。在"添加进入效果"对话框中选择"细微型"选项组中的"展开"效果，单击"确定"按钮。按同样的操作设置文本的动画效果为"进入"、"淡出"。完成上述操作后，在"自定义动画"任务窗格中单击"重新排序"按钮前后的箭头，设置顺序为先文本后图片。

（6）选中第四张幻灯片，在"开始"选项卡"幻灯片"分组中，单击"版式"按钮，在下拉列表中选择"比较"。选中第四张幻灯片文本区的第 2 段文字，拖动鼠标到标题区释放。选中第 2 张幻灯片的右上角图片，鼠标右键"剪切"，选择第四张幻灯片，右键单击内容区"粘贴"命令。按同样的操作移动另一张图片。

（7）选中第 2 张幻灯片，单击鼠标右键，在弹出的快捷菜单中选择"删除幻灯片"命令。

（8）鼠标移到第四张幻灯片之前，在"开始"选项卡"幻灯片"分组中，单击"新建幻灯片"下拉列表，选择"空白"命令。鼠标单击新生成的幻灯片，在"插入"选项卡"表格"分组中，单击"表格"下拉列表，选择"插入表格"选项，在弹出的"插入表格"对话框中，设置列数为 3，行数为 9，单击"确定"按钮。

（9）选择第五张幻灯片第 1 行、第 1 列文字，鼠标右键选择"剪切"命令，选择第 3 张幻灯片，右键单击表格的第 1 行第 1 列，选择"粘贴"命令。按同样的操作把第 5 张幻灯片的内容移入表格相应位置。

（10）选中第 5 张幻灯片，单击鼠标右键，在弹出的快捷菜单中选择"删除幻灯片"命令。

（11）保存文件。

操作结果如图 5.59 所示。

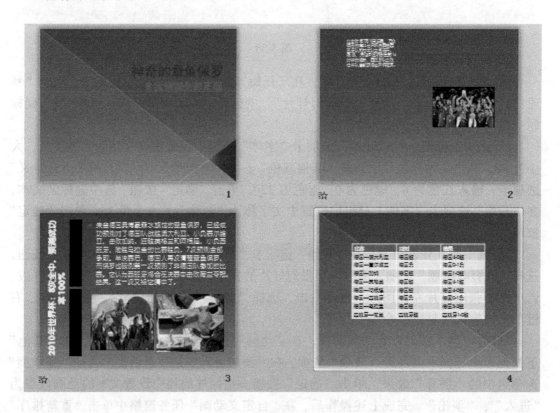

图 5.59

上机操作题 5 操作步骤：

（1）在第 1 张幻灯片主标题处输入"发现号航天飞机发射推迟"，在副标题处输入"燃料传感器存在故障"。

（2）选中第 1 张幻灯片的主标题，在"开始"选项卡的"字体"分组中，设置中文字体为"黑体"，大小为 53，加粗。单击"字体颜色"下拉三角按钮，选择"其他颜色"选项，弹出"颜色"对话框。单击"自定义"选项卡，设置红色为 250，绿色为 0，蓝色为 0，单击"确定"按钮。按照同样的操作设置副标题的字体为"宋体"，大小为 33。

(3)选中第 2 张幻灯片,在"开始"选项卡的"幻灯片"分组中,单击"版式"按钮,选择"内容与标题"选项。选中第 1 张幻灯片中的图片,鼠标右击选择"剪切"命令,然后选中第 2 张幻灯片,删除原有的图片,鼠标右键选择"粘贴"命令。

(4)选中第 2 张幻灯片的文本,在"动画"选项卡的"动画"分组中,单击"其他"下拉列表中选择"更多进入效果"选项。在弹出"更改进入效果"对话框中选择"基本型"选项组,"百叶窗"效果,单击"确定"按钮。再单击"效果选项"按钮,选中"水平"选项。

(5)选中第 1 张幻灯片,在"设计"选项卡的"背景"分组中,单击"背景样式"下拉列表中的"设置背景格式"。在弹出"设置背景格式"对话框中选择"填充"选项卡中"图片或纹理填充"选项,在"纹理"中选择"水滴",单击"关闭"按钮。

(6)选中所有幻灯片,在"设计"选项卡的"主题"分组中,单击"其他"下拉三角按钮,选择"奥斯汀"模板。

(7)在"幻灯片放映"选项卡的"设置"分组中,单击"设置幻灯片放映"按钮,弹出"设置放映方式"对话框,在"放映类型"中选择"演讲者放映(全屏幕)",单击"确定"按钮。

(8)保存文件。

操作结果如图 5.60 所示。

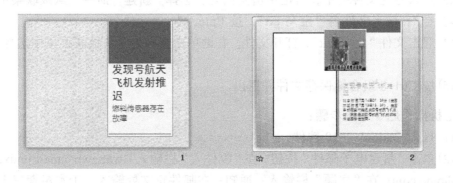

图 5.60

5.5　Internet 基础与简单应用

5.5.1　上机习题集

上机操作题 1:打开 https://www.microsoft.com/zh-cn/search/result.aspx?q=office2010&form=MSHOME 页面,找到介绍 Office 2010 文档的链接,然后下载保存到"考生文件夹"下,命名为 OfficeIntro.doc。

上机操作题 2:打开 http://car.bitauto.com/qichepinpai 页面,找到汽车品牌"宝马"的介绍,在"考生文件夹"下新建文本文件"宝马.txt",将网页中关于宝马汽车介绍内容复制到文件"宝马.txt"中,并保存。

上机操作题 3：向项目组成员小王和小李分别发送 E-mail，具体内容为："于本星期三上午九点在会议室开项目讨论会，请准时出席"，主题为"通知"。两位成员的电子邮件地址分别为：wangwb@mail.jmdx.edu.cn 和 ligf@home.com。

上机操作题 4：接收来自小张的邮件，将邮件中的附件"宝马.jpg"保存在考生文件夹下，并回复该邮件，主题为"照片已收到"，正文内容为"收到邮件，照片已看到，祝好！"。

5.5.2　上机习题参考答案

上机操作题 1 操作步骤：

(1)打开 IE，在地址栏输入 https://www.microsoft.com/zh-cn/search/result.aspx?q=office2010&form=MSHOME，打开网页。

(2)右键单击页面中"Office 2010 介绍"的链接，选择"目标另存为"命令，打开"另存为"对话框，在文件名框中输入：OfficeIntro.doc。

(3)单击"保存"按钮。

上机操作题 2 操作步骤：

(1)打开 IE，在地址栏输入 http://car.bitauto.com/qichepinpai，打开网页。

(2)进入汽车品牌"宝马汽车介绍"的链接，选中介绍内容并复制。

(3)进入考生文件夹中，右键单击空白处，选择"新建"命令，从级联菜单中选择"文本文档"，输入文件名"宝马.txt"，按 Enter 键。

(4)双击文件"宝马.txt"，打开文件。右键单击空白处，从级联菜单中选择"粘贴"命令。

(5)按 Ctrl+S 组合键保存文件并退出。

上机操作题 3 操作步骤：

(1)打开 Outlook 2010 软件。

(2)单击"新建电子邮件"按钮，在"收件人"栏输入：wangwb@mail.jmdx.edu.cn，ligf@home.com；在"主题"栏输入：通知；在邮件正文处输入：于本星期三上午九点在会议室开项目讨论会，请准时出席。

(3)单击"发送"按钮，完成邮件发送。

上机操作题 4 操作步骤：

(1)打开 Outlook 2010 软件。

(2)单击"收件箱"图标，单击来自小张的邮件，右键单击邮件中的附件"宝马.jpg"，从菜单中选择"另存为"命令，打开"另存为"对话框，文件名不变，将保存位置修改成考生文件夹。

(3)单击屏幕上方的"答复"按钮，在"主题"栏输入："照片已收到"；在邮件正文处输入："收到邮件，照片已看到，祝好！"。

(4)单击"发送"按钮，完成邮件发送。

第6章 综合模拟试卷及参考答案

6.1 综合模拟试卷

一、选择题(每小题1分，共20分)

1. 采用超大规模集成电路的计算机属于_____。
   - A. 第一代计算机
   - B. 第二代计算机
   - C. 第三代计算机
   - D. 第四代计算机

2. 二进制数110111对应的十进制数是_____。
   - A. 53
   - B. 54
   - C. 55
   - D. 56

3. CAD是计算机_____的缩写。
   - A. 辅助设计
   - B. 辅助教学
   - C. 辅助测试
   - D. 辅助制造

4. 在标准ASCII码表中，数字、小写英文字母和大写英文字母的前后次序是_____。
   - A. 数字、小写英文字母、大写英文字母
   - B. 数字、大写英文字母、小写英文字母
   - C. 大写英文字母、小写英文字母、数字
   - D. 小写英文字母、数字、大写英文字母

5. 下列选项中，不属于计算机病毒的特征是_____。
   - A. 模糊性
   - B. 传染性
   - C. 破坏性
   - D. 潜伏性

6. 下列关于CPU的叙述正确的是_____。
   - A. CPU主要用来存储程序和数据
   - B. CPU的性能指标是内存
   - C. CPU由运算器和控制器组成
   - D. CPU就是计算机的主机

7. 在存储系统中，RAM是指_____。
   - A. 高速缓冲存储器
   - B. 只读存储器
   - C. 随机存储器
   - D. U盘

8. "64位微型计算机"中的64指的是_____。
   - A. 内存容量
   - B. 机器字长

C. 存储单位   D. 微机型号

9. 能将计算机运行结果以可见的方式向用户展示的部件是_____。

    A. 存储器   B. 输入设备

    C. 控制器   D. 输出设备

10. 根据域名代码规定，表示教育机构的是_____。

    A. com   B. edu

    C. gov   D. org

11. 下列不是计算机网络拓扑结构的是_____。

    A. 星型结构   B. 单线结构

    C. 总线结构   D. 环形结构

12. 汇编语言是一种_____。

    A. 依赖于计算机的低级程序设计语言

    B. 计算机能直接执行的程序设计语言

    C. 独立于计算机的高级程序设计语言

    D. 面向问题的程序设计语言

13. 微机的常规内存容量为 640KB，1KB 的准确数值为_____。

    A. 1000 bit   B. 1024 bit

    C. 1000 Bytes   D. 1024 Bytes

14. 在 16×16 点阵汉字字库中，存储 100 个汉字的字模信息共需要_____。

    A. 320 个字节   B. 3200 个字节

    C. 160 个字节   D. 1600 个字节

15. 计算机系统软件中，最基本、最核心的软件是_____。

    A. 操作系统   B. 数据库管理系统

    C. 语言处理系统   D. 服务性程序

16. 下列各项中，非法的 IP 地址是_____。

    A. 202.256.80.1   B. 81.133.83.91

    C. 72.138.55.230   D. 192.56.22.87

17. 下列各项中，合法的电子邮件地址是_____。

    A. Zhou!rong.em.com.cn   B. rong.em.com.cn-zhou

    C. rong.em.com.cn@zhou   D. Zhourong@em.com.cn

18. 使用 Intenet 上网时，浏览器和 WWW 服务器之间传输网页使用_____协议。

    A. IP   B. SNMP

    C. FTP   D. HTTP

19. 下列关于高级语言的说法错误的是_____。

    A. C 是一种高级语言

    B. 通用性强

    C. 要通过编译后才能被执行

D. 依赖于计算机

20. 计算机网络是一个_____。

A. 数据库管理系统

B. 电子商务系统

C. 在协议控制下的多机互联系统

D. 编译系统

二、Windows 操作系统的使用（10分）

1. 将考生文件夹下 ZHAO 文件夹中的文件 TEXT.txt 文件设置为"只读"。

2. 将考生文件夹下 ZHAO 文件夹中的文件 abc.doc 移动到考生文件夹下 JIN 文件夹中。

3. 在考生文件夹下 FTP 文件夹中建立一个名为 NEW 的新文件夹。

4. 将考生文件夹下 LI 文件夹删除。

5. 将考生文件夹下 HAN 文件夹中的文件 lu.ppt 复制一份，新文件名为 hanlu.ppt。

三、Word 操作（25分）

1. 在考生文件夹下，打开文档 word1.docx，其内容如下：

【文档开始】

生物计算机

生物计算机也称仿生计算机，主要原材料是生物工程技术产生的蛋白质分子，并以此作为生物芯片来替代半导体硅片，利用有机化合物存储数据。信息以波的形式传播，当波沿着蛋白质分子链传播时，会引起蛋白质分子链中单键、双键结构顺序的变化。运算速度要比当今最新一代计算机快 10 万倍，它具有很强的抗电磁干扰能力，并能彻底消除电路间的干扰。能量消耗仅相当于普通计算机的十亿分之一，且具有巨大的存储能力。生物计算机具有生物体的一些特点，如能发挥生物本身的调节机能，自动修复芯片上发生的故障，还能模仿人脑的机制等。

其主要原材料是生物工程技术产生的蛋白质分子，并以此作为生物芯片。生物芯片比硅芯片上的电子元件要小很多，而且生物芯片本身具有天然独特的立体化结构，其密度要比平面型的硅集成电路高五个数量级。让几万亿个 DNA 分子在某种酶的作用下进行化学反应就能使生物计算机同时运行几十亿次。生物计算机芯片本身还具有并行处理的功能，其运算速度要比当今最新一代的计算机更快。生物芯片一旦出现故障，可以进行自我修复，所以具有自愈能力。生物计算机具有生物活性，能够和人体的组织有机地结合起来，尤其是能够与大脑和神经系统相连。这样，生物计算机就可直接接受大脑的综合指挥，成为人脑的辅助装置或扩充部分，并能由人体细胞吸收营养补充能量，因而不需要外界能源。它将成为能植入人体内，成为帮助人类学习、思考、创造、发明的最理想的伙伴。另外，由于生物芯片内流动电子间碰撞的可能极小，几乎不存在电阻，所以生物计算机的能耗极小。

【文档结束】

按照要求完成下列操作，并以该文件名(word1.docx)保存文档。

(1)将标题段文字("生物计算机")设置为二号黑体、居中、字符间距加宽 2 磅、红色(标准色)底纹，并添加下划波浪线。

(2)将正文各段文字设置为宋体、12 磅；纸张大小设为自定义，高为 29.7 厘米，宽为 21 厘米。

(3)将正文的第一段("生物计算机也称仿生计算机……机制等。")分为等宽两栏，其栏宽 16 字符，并以原文件名保存文档。

2. 在考生文件夹下，打开文档 word2.docx，其内容如下：

【文档开始】

城市	一月	二月	三月
北京	5	8	2
上海	7	3	4
广州	4	1	6
成都	9	9	3

【文档结束】

按照要求完成下列操作，并以该文件名(word2.docx)保存文档。

(1)将文中后 5 行文字转换为一个 5 行 4 列的表格，设置表格居中、表格列宽为 3 厘米、行高为 1 厘米，表格中所有文字设为黑体、倾斜。

(2)将表格第一行设置成绿色底纹；按"城市"列"拼音"升序排列表格内容，并以原文件名保存文档。

四、Excel 操作(20 分)

考生文件夹中有名为 EXCEL.xlsx 的工作表如图 6.1 所示：

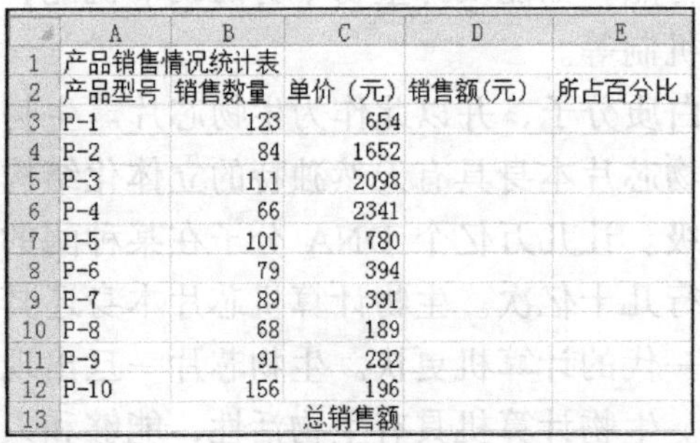

	A	B	C	D	E
1	产品销售情况统计表				
2	产品型号	销售数量	单价(元)	销售额(元)	所占百分比
3	P-1	123	654		
4	P-2	84	1652		
5	P-3	111	2098		
6	P-4	66	2341		
7	P-5	101	780		
8	P-6	79	394		
9	P-7	89	391		
10	P-8	68	189		
11	P-9	91	282		
12	P-10	156	196		
13			总销售额		

图 6.1

按要求对此工作表完成如下操作并原名保存：

(1)打开工作簿文件 EXCEL1.xlsx，利用条件格式，将工作表 Sheet1 中 B3：B12 区域中数值大于或等于 100 的单元格的颜色设置为黄色，将工作表命名为"产品销售情况表"。

(2)计算"总销售额"、"销售额"列、"所占百分比"列(所占百分比=销售额/总销售额)，"所占百分比"列单元格格式为"百分比"型(保留小数点后两位数)。

(3)对工作表的内容按主要关键字"销售额"的递增次数和次要关键字"单价"的递增减数进行排序。

(4)选取"产品型号"和"所占百分比"两列数据(不包含"总销售额"行)建立"三

维饼图"（系列产生在"列"），数据标志位"百分比"，图标标题为"产品销售情况图"，图例靠左。

(5)对工作表的内容进行自动筛选，筛选条件是"销售额"大于等于 5 万元，筛选后的工作表保存在 EXCEL2.xlsx 中。

五、PowerPoint 操作（15 分）

打开考生文件夹下的演示文稿 yswg.pptx，其内容如图 6.2 所示，请按照下列要求完成对此文稿的修饰并保存。

Step Response（阶跃响应）

- underdamped（欠阻尼）
- critical damped（临界阻尼）
- undamped（无阻尼）
- overdamped case（过阻尼）

Gearbox

图 6.2

1. 使用"精装书"主题修饰全文，全部幻灯片切换方式为"碎片"。

2. 第二张幻灯片前插入板式为"两栏内容"的新幻灯片，将第三张幻灯片的标题移到第二张幻灯片左侧，把考生文件夹下的图片文件 ppt1.png 插入到第二张幻灯片右侧的内容区，图片的动画效果设置为"进入"、"螺旋飞入"，文字动画设置为"进入、飞入"，效果选项为"自左下部""。动画顺序为先文字后图片。

3. 将第三张幻灯片板式改为"标题幻灯片"，主题输入"Module 4"，设置为"黑体"、55 磅字，副标题键入"Second Order Systems"，设置为"楷体"，33 磅字。移动第三张幻灯片，使之成为整个演示文稿的第一张幻灯片。

六、上网题（10 分）

打开 http://www.stdaily.com 页面，浏览"科技小知识"页面，查找"无人飞机的分类"的页面内容，在"考生文件夹"下新建文本文件"wrfj.txt"，将网页中关于无人飞机分类的内容复制到文件"wrfj.txt"中，并保存。

6.2 综合模拟试卷参考答案

一、选择题

1. D

知识点：计算机的发展简史

解析：人们根据计算机使用的元器件的不同，将其发展划分为：电子管、晶体管、中小规模集成电路、大规模和超大规模集成电路四个阶段。

2．C

知识点：计算机中数据的进制转换

解析：二进制转换成十进制数的方法是按权展开，数值为 0 的位忽略不计。按权展开为：110 111=$1\times2^5+1\times2^4+1\times2^2+1\times2^1+1\times2^0$=55

3．A

知识点：计算机的分类

解析：计算机辅助设计 CAD，计算机辅助教学 CAI，计算机辅助测试 CAT，计算机辅助制造 CAM

4．B

知识点：西文字符的编码

解析：ASCII 码表中，按数字、大写英文字母、小写英文字母的顺序排列，排在后面的比排在前面的大。

5．A

知识点：计算机病毒及其防治

解析：计算机病毒的主要特征是寄生性、破坏性、传染性、潜伏性和隐蔽性。

6．C

知识点：计算机硬件系统的组成及其功能

解析：存储器主要用来存储程序和数据，CPU 主要完成算数逻辑运算；CPU 的性能指标主要是字长和时钟主频；通常把运算器和控制器合称为 CPU；主机包括 CPU、主板及内存。

7．C

知识点：存储器

解析：高速缓冲存储器为 Cache，内存储器分为只读存储器 ROM 和随机存储器 RAM。

8．B

知识点：计算机硬件系统的组成及其功能

解析：64 指的是机器字长，字长是计算机运算部件一次能处理的二进制数据的位数，字长愈长，计算机的处理能力就愈强。

9．D

知识点：输入/输出设备

解析：输出设备将计算结果数据或信息以数字、字符、图像、声音等形式表现出来。

10．B

知识点：因特网 IP 地址和域名的工作原理

解析：类别域名中 com 表示商业机构，edu 表示教育机构，gov 表示政府机关，org 表示非盈利性机构。

11. B

知识点：网络拓扑结构

解析：计算机网络拓扑结构有：星型拓扑、环型拓扑、总线型拓扑、树型拓扑、网状拓扑，其中常见的局域网拓扑结构有星型拓扑、环型拓扑和总线型拓扑。

12. A

知识点：计算机语言

解析：汇编语言无法直接执行，必须翻译成机器语言才能执行；汇编语言不能独立于计算机；面向问题的程序设计语言是高级语言。

13. D

知识点：数据的存储单位

解析：1 KB=2^{10} Bytes=1024 Bytes。

14. B

知识点：汉字字形码存储特点

解析：在 16×16 点阵字库中，有 16×16=256 比特（bit），而计算机中 8 个二进制组成一个字节，所以一个 16×16 点阵字形码需要 16×16/8=32 字节，因此 100 个汉字的字模信息共需要 3200 字节。

15. A

知识点：软件系统及其组成

解析：操作系统是系统软件的重要组成和核心。

16. A

知识点：因特网 IP 地址

解析：IP 地址长为 32 位，分为 4 字节。为方便记忆和理解，IP 地址采用十进制表示法，每个数可取 0~255 的值，各数之间用一个句点"."分开。

17. D

知识点：电子邮件

解析：E-mail 格式为用户名@电子邮件服务器域名，用户名由英文、数字组成。

18. D

知识点：网络协议

解析：WWW 网站中包含存放在 WWW 服务器上的超文本文件-网页，它们一般由超文本标记语言（HTML）编写而成，并在超文本传输协议（HTTP）支持下运行。

19. D

知识点：程序语言设计

解析：用高级程序设计语言编写的程序具有可读性和可移植性，基本上不作修改就能用于各种型号的计算机和各种操作系统，因此通用性好。用高级语言编写的程序称为高级语言源程序，计算机不能直接识别和执行源程序，要通过解释和编译把高级语言程序翻译成等价的机器语言程序才能执行。

20.　C

知识点：计算机网络

解析：计算机网络是以能够相互共享资源的方式互连起来的自治计算机系统的集合，也即在协议控制下的多机互联系统。

二、Windows 操作系统的使用

操作题 1 操作步骤：

(1)双击文件夹 ZHAO，打开文件夹 ZHAO。

(2)右键单击文件夹 ZHAO 中文件 TEXT.txt，从菜单中选择"属性"命令。

(3)在打开的"属性"对话框中，单击复选框"只读"，再单击"确定"按钮。

操作题 2 操作步骤：

(1)双击文件夹 ZHAO，打开文件夹 ZHAO。

(2)右键单击文件夹 ZHAO 中文件 abc.doc，从菜单中选择"剪切"命令。

(3)打开文件夹 JIN，右键单击窗口空白处，从菜单中选择"粘贴"命令。

操作题 3 操作步骤：

(1)双击文件夹 FTP，打开文件夹 FTP。

(2)右键单击文件夹内容窗格空白处，从菜单中选择"新建→文件夹"命令。

(3)给新建文件夹命名为 NEW。

操作题 4 操作步骤：

(1)右键单击文件夹 LI，从菜单中选择"删除"命令。

(2)在对话框中单击"确定"按钮。

操作题 5 操作步骤：

(1)双击文件夹 HAN，打开文件夹 HAN。

(2)右键单击文件夹 HAN 中文件 lu.ppt，从菜单中选择"复制"命令。

(3)右键单击窗口空白处，从菜单中选择"粘贴"命令。

(4)右键单击新生成的文件，从菜单中选择"重命名"命令。

(5)在反显的文本框处，输入文件名 hanlu.ppt。

三、Word 操作

操作题 1 操作步骤：

1)第(1)题操作步骤

(1)选中标题段，在"开始"选项卡"字体"分组中，设置中文字体："黑体"，字号"二号"，下划线线型："波浪线"。打开"字体"对话框，选择"高级"选项卡，在"间距"下拉列表中选择"加宽"，磅值："2 磅"，单击"确定"按钮。

(2)选中标题段，在"开始"选项卡"段落"分组中，单击"居中"按钮。

(3)选中标题段，在"开始"选项卡"段落"分组中，单击"边框"下拉按钮，打开"边框和底纹"对话框，选中"底纹"选项卡，设置"填充"为标准色中的"红色"，

选择应用于"文字",单击"确定"按钮。

2) 第 (2) 题操作步骤

(1) 选中正文文本,在"开始"选项卡"字体"分组中,设置中文字体:"宋体",字号"12 磅"。

(2) 在"页面布局"选项卡"页面设置"分组中,单击"纸张大小"下拉按钮,选择"其他页面大小"按钮打开"页面设置"对话框,选中"纸张"选项卡,设置高度:"29.7 厘米",宽度:"21 厘米"。

3) 第 (3) 题操作步骤

(1) 选中第一段内容,在"页面布局"选项卡"页面设置"分组中,单击"分栏"按钮,选择"更多分栏"选项,在"分栏"对话框中选择"预设"选项组中的"两栏"选项,在"宽度和间距"选项组中设置宽度为"16 字符",勾选"栏宽相等",单击"确定"按钮。

(2) 保存文件。

操作结果如图 6.3 和图 6.4 所示。

图 6.3

图 6.4

操作题 2 操作步骤:

1) 第 (1) 题操作步骤

(1) 选中正文后 5 行文本,单击"插入"选项卡中的"表格"按钮下拉列表,选择"文本转换成表格"选项,弹出"将文字转换成表格"对话框,单击"确定"按钮。

(2) 选中表格,在"表格工具"工具的"布局"功能区"单元格大小"分组中,设置宽度:"3 厘米",高度:"1 厘米"。

(3) 选中表格,在"开始"选项卡"段落"组中,单击"居中"按钮。

(4) 选中表格,在"开始"选项卡"文字"组中,设置中文字体:"黑体",字形:"倾斜"。

2)第(2)题操作步骤

(1)选中表格第1行,在"开始"选项卡"段落"分组中,单击"边框"下拉按钮,打开"边框和底纹"对话框,选中"底纹"选项卡,设置"填充"为"绿色",选择应用于"单元格",单击"确定"按钮。

(2)选中表格,在"表格工具"工具的"布局"功能区"数据"分组中,单击"排序"选项,弹出"排序"对话框,"主要关键字"选择:"城市","类型"选择:"拼音",选择"升序",单击"确定"按钮。

(3)保存文件。

操作结果如图6.5所示。

城市	一月	二月	三月
北京	5	8	2
成都	9	9	3
广州	4	1	6
上海	7	3	4

图 6.5

四、Excel 操作

1)第(1)题操作步骤

(1)打开工作簿文件 EXCEL1.xlsx。

(2)选定表格区域"B3:B12",单击"开始"选项卡"样式"组"条件格式"下拉按钮,选择"突出显示单元格规则"级联菜单的"其他规则"菜单项,打开"新建格式规则"对话框,在"编辑规则说明"中设置"单元格值大于或等于100"。

(3)单击"格式"按钮,选择"填充",单击选择"黄色"作为填充色。

(4)点击确定按钮。

(5)右键单击 Sheet1 工作表标签,选择"重命名"命令,输入新的名字"产品销售情况表"。

(6)单击"保存"按钮。

操作结果如图6.6所示。

2)第(2)题操作步骤

(1)在 D3 单元格中输入公式:=B3*C3,按 Enter 键。

(2)在 E3 单元格中输入公式:=D3/$D$13,按 Enter 键。

(3)选中 D3 和 E3 单元格,鼠标指向其右下角的填充句柄,按住鼠标左键乡下拖动至 D12 和 E12 单元格,释放鼠标左键。

(4)单击 D13 单元格,单击"开始"选项卡"编辑"组的"自动求和"按钮,按 Enter 键。

（5）选择 E3:E12 单元格区域，右键单击该区域，选择"设置单元格格式"菜单项，打开"设置单元格格式"对话框，在"数字"标签下选择"百分比"，并将小数位数设置为："2"，单击确定按钮。

（6）单击"保存"按钮。

操作结果如图 6.7 所示。

	A	B	C	D	E
1	产品销售情况统计表				
2	产品型号	销售数量	单价（元）	销售额（元）	所占百分比
3	P-1	123	654		
4	P-2	84	1652		
5	P-3	111	2098		
6	P-4	66	2341		
7	P-5	101	780		
8	P-6	79	394		
9	P-7	89	391		
10	P-8	68	189		
11	P-9	91	282		
12	P-10	156	196		
13				总销售额	

图 6.6

	A	B	C	D	E
1	产品销售情况统计表				
2	产品型号	销售数量	单价（元）	销售额（元）	所占百分比
3	P-1	123	654	80442	9.81%
4	P-2	84	1652	138768	16.91%
5	P-3	111	2098	232878	28.39%
6	P-4	66	2341	154506	18.83%
7	P-5	101	780	78780	9.60%
8	P-6	79	394	31126	3.79%
9	P-7	89	391	34799	4.24%
10	P-8	68	189	12852	1.57%
11	P-9	91	282	25662	3.13%
12	P-10	156	196	30576	3.73%
13				总销售额	820389

图 6.7

3）第（3）题操作步骤

（1）选择 A2:E12 单元格区域，单击"开始"选项卡"编辑"组的"排序和筛选"按钮，选择"自定义排序"菜单项，打开"排序"对话框，在"主要关键字"栏中选择"销售额"、"升序"。

（2）单击"添加条件"按钮，在"次要关键字"栏中设置"单价"、"降序"。

（3）单击确定按钮。

（4）单击"保存"按钮。

操作结果如图 6.8 所示。

4）第（4）题操作步骤

（1）利用 Ctrl 键选中表中不连续的表格区域 A2:A12 和 E2:E12，单击"插入"

	A	B	C	D	E
1	产品销售情况统计表				
2	产品型号	销售数量	单价（元）	销售额（元）	所占百分比
3	P-8	68	189	12852	1.57%
4	P-9	91	282	25662	3.13%
5	P-10	156	196	30576	3.73%
6	P-6	79	394	31126	3.79%
7	P-7	89	391	34799	4.24%
8	P-5	101	780	78780	9.60%
9	P-1	123	654	80442	9.81%
10	P-2	84	1652	138768	16.91%
11	P-4	66	2341	154506	18.83%
12	P-3	111	2098	232878	28.39%
13				总销售额	820389

图 6.8

选项卡"图表"组的"饼图"按钮，从中选择"三维饼图"，在表中快速生成一个图表。

（2）单击图表标题，改为"产品销售情况图"。

（3）选中图表，在"图表工具"工具的"布局"功能区"标签"分组中，选择"图例"按钮，在弹出的下拉列表中选择"其他图例选项"，弹出"设置图例格式"对话框，在"图例选项"中单击"图例位置"下的"靠左"单选按钮，单击"关闭"按钮。

（4）单击"保存"按钮。

操作结果如图 6.9 所示。

5）第（5）题操作步骤

（1）选择"文件"选项卡的"另存为"菜单项，输入文件名：EXCEL2.xlsx，单击"保存"按钮。

（2）选中 A2:E12 单元格区域，单击"开始"选项卡"编辑"组的"排序和筛选"

按钮，选择"筛选"菜单项。

（3）单击 D2 单元格的下拉箭头，从弹出的菜单中选择"数字筛选"，并从级联菜单中选择"自定义筛选"，打开"自定义自动筛选方式"对话框，如图 6.10 所示。

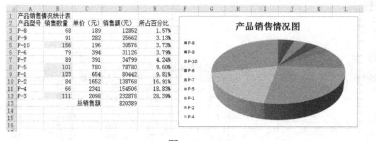
图 6.9

图 6.10

（4）单击"保存"按钮。

操作结果如图 6.11 所示。

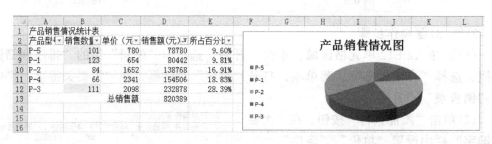
图 6.11

五、PowerPoint 操作

操作题 1 操作步骤：

（1）打开演示文稿 yswg.pptx，选中所有幻灯片，在"设计"选项卡的"主题"分组中，单击"其他"下拉列表中"精装书"模板。

（2）选中所有幻灯片，在"切换"选项卡的"切换到此幻灯片"分组中，单击"其他"下拉列表中"华丽型"选项组，选择"碎片"效果。

操作题 2 操作步骤：

（1）在普通视图下，单击第一张和第二张幻灯片之间，在"开始"功能区的"幻灯片"组中，单击"新建幻灯片"下三角按钮，在弹出的下拉列表中选择"两栏内容"。

（2）选中第三张幻灯片的主题菜单，单击"开始"功能区下"剪切板"组中的"剪切"按钮，将鼠标光标定位到第二张幻灯片的左侧内容区，单击"粘贴"按钮。

（3）在第二张幻灯片的右侧内容区，单击"插入来自文件的图片"按钮，弹出"插入图片"对话框，从考生文件夹下选择图片文件 ppt1.png，单击"插入"按钮。

（4）选中第二张幻灯片中的图片，在"动画"功能区下"高级动画"组中单击"添加动画"按钮，弹出下拉列表，在列表中选择"更多进入效果"此时弹出"添加进入效果"对话框，选择"华丽型"下的"螺旋飞入"，单击"确定"按钮。选中该幻灯片的左侧文字，按同样的方法，动画设置为"进入"、"飞入"，单击"动画"组中的"效果选项"按钮，在弹出的下拉列表中选择"自左下部"。选中该幻灯片中的图片，在"动画"功能区下"计时"组中单击"向后移动"按钮，则对动画重新排序。

操作题 3 操作步骤：

(1)选中第三张幻灯片，单击"开始"功能区下"幻灯片"组中的"版式"按钮，在弹出的下拉列表框中选择"标题幻灯片"，键入主标题"Module 4"，键入副标题"Second Order Systems"。选中主标题，在"开始"功能区下的"字体"组中，单击"字体"下拉按钮，选择"黑体"，在"字号"中输入"55"，按同样的方法设置副标题为"楷体"、"33 磅"。

(2)在普通视图下，按住鼠标左键，拖曳第三张幻灯片到第一张幻灯片即可使第三张成为第一张幻灯片。

(3)保存演示文稿。

操作结果如图 6.12 所示。

图 6.12

六、上网题

操作题操作步骤：

(1)通过"答题"菜单【启动 Internet Explorer】，打开 IE 浏览器。

(2)在"地址栏"中输入网址 http://www.stdaily.com，并按回车键打开页面，从中单击"科技小知识"页面，再选择"无人飞机的分类"，单击打开此页面，选中介绍内容并复制。

(3)进入考生文件夹中，右键单击空白处，选择"新建"命令，从级联菜单中选择"文本文档"，输入文件名"wrfj.txt"，按 Enter 键。

(4)双击文件"wrfj.txt"，打开文件。右键单击空白处，从级联菜单中选择"粘贴"命令。

(5)按 Ctrl+S 组合键保存文件并退出。

全国计算机等级考试（一级 MS Office）考试大纲（2013 年版）

基 本 要 求

1. 具有微型计算机的基础知识（包括计算机病毒的防治常识）。

2. 了解微型计算机系统的组成和各部分的功能。

3. 了解操作系统的基本功能和作用，掌握 Windows 的基本操作和了解微型计算机系统的组成和各部分的功能。

4. 了解操作系统的基本功能和作用，掌握 Windows 的基本操作和应用。

5. 了解文字处理的基本知识，熟练掌握文字处理 MS Word 的基本操作和应用，熟练掌握一种汉字（键盘）输入方法。

6. 了解电子表格软件的基本知识，掌握电子表格软件 Excel 的基本操作和应用。

7. 了解多媒体演示软件的基本知识，掌握演示文稿制作软件 PowerPoint 的基本操作和应用。

8. 了解计算机网络的基本概念和因特网（Internet）的初步知识，掌握 IE 浏览器软件和 Outlook Express 软件的基本操作和使用。

考 试 内 容

一、计算机基础知识

1. 计算机的发展、类型及其应用领域。

2. 计算机中数据的表示、存储与处理。

3. 多媒体技术的概念与应用。

4. 计算机病毒的概念、特征、分类与防治。

5. 计算机网络的概念、组成和分类；计算机与网络信息安全的概念和防控。

6. 因特网网络服务的概念、原理和应用。

二、操作系统的功能和使用

1. 计算机软、硬件系统的组成及主要技术指标。

2. 操作系统的基本概念、功能、组成及分类。

3. Windows 操作系统的基本概念和常用术语，文件、文件夹、库等。

4. Windows 操作系统的基本操作和应用。

(1)桌面外观的设置，基本的网络配置。

(2) 熟练掌握资源管理器的操作与应用。

(3) 掌握文件、磁盘、显示属性的查看、设置等操作。

(4) 中文输入法的安装、删除和选用。

(5) 掌握检索文件、查询程序的方法。

(6) 了解软、硬件的基本系统工具。

三、文字处理软件的功能和使用

1. Word 的基本概念，Word 的基本功能和运行环境，Word 的启动和退出。

2. 文档的创建、打开、输入、保存等基本操作。

3. 文本的选定、插入与删除、复制与移动、查找与替换等基本编辑技术；多窗口和多文档的编辑。

4. 字体格式设置、段落格式设置、文档页面设置、文档背景设置和文档分栏等基本排版技术。

5. 表格的创建、修改；表格的修饰；表格中数据的输入与编辑；数据的排序和计算。

6. 图形和图片的插入；图形的建立和编辑；文本框、艺术字的使用和编辑。

7. 文档的保护和打印。

四、电子表格软件的功能和使用

1. 电子表格的基本概念和基本功能，Excel 的基本功能、运行环境、启动和退出。

2. 工作簿和工作表的基本概念和基本操作，工作簿和工作表的建立、保存和退出；数据输入和编辑；工作表和单元格的选定、插入、删除、复制、移动；工作表的重命名和工作表窗口的拆分和冻结。

3. 工作表的格式化，包括设置单元格格式、设置列宽和行高、设置条件格式、使用样式、自动套用模式和使用模板等。

4. 单元格绝对地址和相对地址的概念，工作表中公式的输入和复制，常用函数的使用。

5. 图表的建立、编辑和修改以及修饰。

6. 数据清单的概念，数据清单的建立，数据清单内容的排序、筛选、分类汇总，数据合并，数据透视表的建立。

7. 工作表的页面设置、打印预览和打印，工作表中链接的建立。

8. 保护和隐藏工作簿和工作表。

五、PowerPoint 的功能和使用

1. 中文 PowerPoint 的功能、运行环境、启动和退出。

2. 演示文稿的创建、打开、关闭和保存。

3. 演示文稿视图的使用，幻灯片基本操作(版式、插入、移动、复制和删除)。

4. 幻灯片基本制作(文本、图片、艺术字、形状、表格等插入及其格式化)。

5. 演示文稿主题选用与幻灯片背景设置。

6. 演示文稿放映设计(动画设计、放映方式、切换效果)。

7. 演示文稿的打包和打印。

六、因特网(Internet)的初步知识和应用

1. 了解计算机网络的基本概念和因特网的基础知识,主要包括网络硬件和软件,TCP/IP 协议的工作原理,以及网络应用中常见的概念,如域名、IP 地址、DNS 服务等。

2. 能够熟练掌握浏览器、电子邮件的使用和操作。

考 试 方 式

1. 采用无纸化考试,上机操作。考试时间为 90 分钟。

2. 软件环境:Windows 7 操作系统,Microsoft Office 2010 办公软件。

3. 在指定时间内,完成下列各项操作:

(1)选择题(计算机基础知识和网络的基本知识)。(20 分)

(2)Windows 操作系统的使用。(10 分)

(3)Word 操作。(25 分)

(4)Excel 操作。(20 分)

(5)PowerPoint 操作。(15 分)

(6)浏览器(IE)的简单使用和电子邮件收发。(10 分)